我
们
一
起
解
决
问
题

图解一切问题

頭のいい人は「図解思考」で考える！

培养图形思维，掌握图形工具

[日]永田丰志 著

楚永娟 译

人民邮电出版社

北　京

图书在版编目（CIP）数据

图解一切问题：培养图形思维，掌握图形工具 /
（日）永田丰志著；楚永娟译. -- 北京：人民邮电出版
社，2024.7
ISBN 978-7-115-64516-6

Ⅰ. ①图… Ⅱ. ①永… ②楚… Ⅲ. ①思维方法－图
解②学习方法－图解 Ⅳ. ①B804-64②G442-64

中国国家版本馆CIP数据核字(2024)第106257号

内 容 提 要

在学习和工作中，你有没有被一些晦涩难懂的数字和用语搞得头昏脑涨？你是否也苦于写不出满意的总结报告？遇到难题时，我们需要找到适合自己的思维方法来解决问题。

图解思维就是将碎片化信息结构化的思维，简单来说，就是将零散的信息作为一个有意义的整体来理解。利用图解思维，我们可以不断连接各种关键词，把它们归纳到同一张图中，让我们的大脑能对其进行集中理解、记忆。图解思维能有效地激发大脑潜能，高效输出成果。本书详细介绍了图解思维的基本要领，为我们提供了 6 种常用的图解思维模型，并教我们如何活用图解做好笔记，适合多年龄段的学生、职场人士阅读。

◆　　著　　[日]永田丰志
　　　　译　　楚永娟
　　责任编辑　谢　明　秦　姣
　　责任印制　彭志环
◆人民邮电出版社出版发行　　北京市丰台区成寿寺路 11 号
　　邮编 100164　电子邮件 315@ptpress.com.cn
　　网址 https://www.ptpress.com.cn
　　北京天宇星印刷厂印刷
◆开本：880×1230　1/32
　　印张：6　　　　　　　　　　2024 年 7 月第 1 版
　　字数：180 千字　　　　　　 2025 年 11 月北京第 5 次印刷
　　　　著作权合同登记号　图字：01-2024-2458 号

定　价：49.80 元
读者服务热线：（010）81055656　印装质量热线：（010）81055316
反盗版热线：（010）81055315

前言

图解思维是一种可视化思维

◯ 能产生有效输出的图解思维

职场中结果远大于过程。无论你如何为提高工作能力而努力，你最终都要把努力转化为业绩或成果，否则就很难被认可。

没有输出的输入，几乎都是无意义的。因此，我们必须使用能产生实效的方法来输入。本书所介绍的图解思维，能帮助我们切实有效地解决实际问题，实现有效输出。

所谓图解思维，就是一种可视化思维，它的特点是不再将信息视为"大篇文字"，而是视为"大片图像"来进行处理。简单来说，图解思维就是将碎片化的、零散的信息，通过图像来进行简单整理，从而让知识为己所用，实现有效输出。

图解思维是一种有效解决问题的思维方式，我的亲身经历验证了它的高效性。很多学霸、精英在演示 PPT 或写材料时，都经常使用图表来表达自己的意见，效果非常好。

将信息结构化

见证了图解思维的高效后，无论是在记录会议纪要、撰写企划、设计新产品方案时，还是在利用业余时间学习充电时，我都会通过图解对信息进行结构化整理。

学会图解思维，可以帮助你在短时间内高效地取得成果，避免做无用功，实现以最小努力获得最大成果的目标。而且，图解思维本身也不复杂，只要掌握了它的基本模式，谁都能轻松应用。

例如，在职场中，用循环图"PDCA"（Plan–Do–Check–Act，计划—执行—检查—处理）可以帮助我们对业务进行重估、完善，找到解决问题的最佳方案；用过程图可以让工作流程一目了然；用日程管理图和阶段模型可以高效地管理任务进程；用树状图则能让自己的解释说明或者文章流畅易懂，因为树状图通常开始是结论，然后是引导结论的理由，最后是客观的论证数据，具有逻辑性与条理性。

本书介绍了很多这类能提高我们知识生产力的秘诀，干货满满。无论是在整理信息、制作材料时，还是在写报告、开会、做提案、谈判、学习时，图解思维都能发挥功效，帮我们突破瓶颈，解决难题。

如果你也愿意尝试用图解思维学习与工作，那么你将会成为更好的自己，拥有更加灿烂的未来!

以最小的努力

① 通俗易懂地介绍神奇的图解思维

了解图解思维能有效输出的原因

图解一切问题：培养图形思维，掌握图形工具
頭のいい人は「図解思考」で考える！

💬 **图解思维的原理**

图解思维是一种将相对独立、零散的碎片化信息整理成图的思维方法。所谓碎片化信息，指的是相对独立存在的某一个体要素，比如英语中的一个单词，历史中的一个事件、会计中的一个术语等。这种碎片化信息的最小单位是"关键词"，比如，在"A和B组成C"的说明文中，其中的A、B、C便是关键词，也就是最小的信息单位。将这些关键词连接成一张图，便是图解思维的基本原理。

利用图解思维，我们可以不断连接新增关键词，并把它们归纳到同一张图中。不用担心增加的关键词太多，因为只要归纳到同一张图里，人脑就能对它们进行集中理解和记忆。而且即便一时想不起来，借助其他相关信息线索也可以顺藤摸瓜，慢慢记起来。

016

② 详细解说如何利用图解思维思考

轻松掌握有效提高知识输出力的图解思维

获得最大的成果

③ **教你轻松掌握从基础理论
到实际应用的图解秘诀**
掌握简化处理复杂信息的诀窍

碎片化信息的整理方法

①连接、归纳。

我们可以将杂乱的信息连接并归纳为一项意义完整的信息来进行识记。

②分类、归纳。

即使信息又杂又多，通过分类、归纳，我们也能更容易地从整体上把握信息的情况。

③整理、存储。

我们可以根据具体情况，选择不同的思维方法整理碎片化信息，并存入大脑，形成清晰的记忆。

④ **介绍工作中"马上就能派
上用场的图解方法"**
在整理信息、制作材料、写报告、
开会、做提案、谈判、学习等大
多数场景都能发挥功效

目录

第 1 章
能激发大脑潜能的图解思维
快速、高效地出成果

第 2 章
图解思维的基本要领
掌握要领，迅速提高脑力

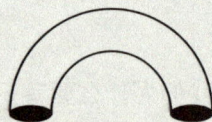

第 3 章
图解思维的 6 种常用模型
掌握模型，知识生产力能提高 10 倍

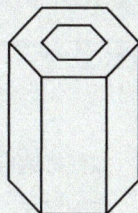

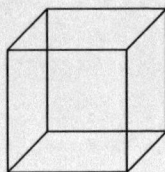

第 4 章
画出一本你的"独家笔记"
用图解思维做好笔记

第 5 章
成为学霸的思维习惯
成功是一种思维习惯

第 1 章

能激发大脑潜能的图解思维

快速、高效地出成果

💭 碎片化信息难以硬塞进大脑

你有没有因很难记住碎片化信息，或是勉强记住又很快遗忘而苦恼过？比如，在一个劲儿地机械记忆枯燥的英语单词与毫无逻辑关联的数字，或茫然地去理解陌生领域的专业术语时，我们往往感到无奈又痛苦，因为我们是在强迫自己记忆毫无关联的东西。

要是想将这些碎片化信息强行塞进大脑，我们就会感觉脑容量不够，接收不了。实际上，这是因为负责掌管我们大脑信息输入和输出的海马体不允许接收了。海马体为了提高我们有限的大脑容量的利用率，会不断舍弃零散的信息。我们可以这样认为：记忆力的极限由海马体决定。

`

我们为什么要有图解思维

美国心理学家乔治·米勒（George Miller）在研究短时记忆时发现，在单次记忆、不得重复的情形下，一般人平均一次只能记下 5 ~ 9（7±2）个信息单位的数字、人名等碎片化信息。这个神奇的数字"7±2"，自此被视为短时记忆的极限，并引起广泛关注。一旦超过这个界限，信息将会不断被舍弃。这么说来，手机号码是超过 9 个信息单位的随机数字，于是我们在记忆手机号码时，通常也很难一次记住。

从乔治·米勒的研究可知，我们人类单次记忆的随机信息容量极低。所以，即使强迫大脑记忆也没有多大用处。而且强行输入新信息，可能导致大脑中储存的原有信息被不断遗忘，我们同样不能有效地学习。

那么我们该如何将信息有效地输入大脑，又该如何防止遗忘呢？通常来说，我们只能坚持复习，但效果又会怎样呢？

为什么碎片化信息难以输入大脑

① 大脑容量达到极限后
不再接收新的信息

② 大脑内超量的信息会不
断溢出（遗忘）

即使大脑试图努力接收更多零散的碎片化信息，海马体这个"门卫"也会进行阻止。你如果想强行输入信息，那么大脑中原有的信息可能会遗失，学习同样也不可能顺利进行。

💭 使劲背诵并不能有效强化记忆

著名的"艾宾浩斯遗忘曲线"理论认为，人们记忆信息后，会在 4 个小时内遗忘近一半，并会随着时间一直遗忘。但是，如果每隔一段时间就记忆一次，记忆就会得到巩固。因为经过多次记忆，遗忘曲线会变得平缓。所以我们常说复习很重要。

具体来说，就是要在记忆后的第二天进行第一次复习，在一周后进行第二次复习，在两周后进行第三次复习，在一个月后进行最后一次复习。按这样的方法复习更为有效。

需要注意的是，在复习之前最好不要强行输入其他信息。因为新信息的输入会干扰大脑，使大脑更容易遗忘之前记忆的内容。要想取得良好的复习效果，我们需要每隔一段时间就输入相同的信息。因此，与其同时学习多项知识，不如先短期内集中学习某一项，并多次复习。

不过，艾宾浩斯关于记忆的实验，主要研究的是由 2 个辅音和 1 个元音组成的无意义音节（如 rit、pek、tas 等）的记忆效果及记忆的持久性，我们在生活中是否有必要记忆这些"无意义"信息尚存疑问。因为无论是语言学还是经济学，凡是有价值的信息都"有意义"，世界上不存在完全独立的信息。因此，不断复习并不是唯一强化记忆的方法。

💬 视觉化记忆的准确率很高

虽然零散的碎片化信息很容易被遗忘，但是如果这些信息和自己印象深刻的经历有关，那么即使只出现一次，日后也会像电影一样在脑海中再现，不会被轻易忘记。比如，你在电视上看到曾经看过的电影，几乎就能立刻想起电影的名称与情节。可见，结合影像进行视觉化记忆，会有意想不到的效果。

关于视觉与记忆的关系，加拿大的斯坦丁教授曾于 1973 年进行过一项实验。他先让受试者观察 1000 张不同的图片，每张图片只呈现 5 秒，然后进行记忆测验。他把受试者看过的与未看过的图片混在一起，让受试者指出哪些图片是见过的，结果回答准确率竟然高达 99.2%！（而用单词代替图片进行同样的实验，回答准确率则为 70%）

图片的识别准确率高达 99.2%

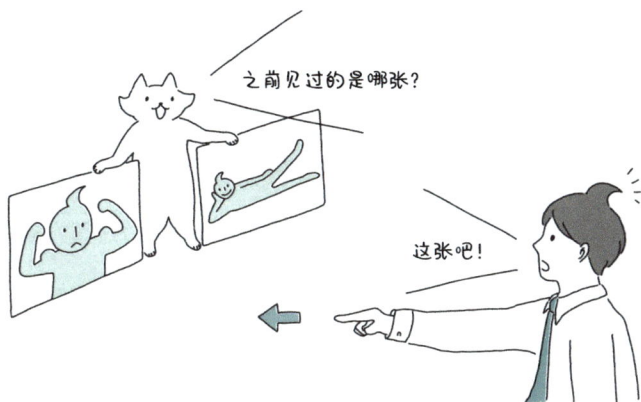

实验者在受试者面前同时摆出两张图片作为一组，其中一张出示过，另一张未出示过，然后让受试者指出哪张图片是之前见过的。结果，受试者在 1000 组图片中准确辨认了 992 组，准确率高达99.2%。为什么我们人类大脑对图像的记忆会如此惊人呢？

99.2% 的准确率是非常高的。与记忆图像的匹配如果用电脑来做的话，需要庞大的工作量，而人脑却能轻松完成，可见我们人类的大脑是非常神奇的。因此，我们应该用图像、情景故事等人类擅长的方式记忆。

从复杂图像和语音信息中找出有意义的关联，即"模式识别"，这对电脑来说是高难度处理，但对我们人类来说却是"小菜一碟"。只要能利用好"模式识别"处理法，我们就能在遇到新问题时，参考之前类似情况的处理方式进行解决。因此，我们在日常工作和学习中，一定要好好利用我们人类大脑特有的这种优势。

💭 线索式记忆利于有效输出

人类大脑的整个记忆过程分为三个阶段。

第一个阶段为识记，即记录经验信息。这一阶段相当于电脑的"输入"，或者说类似于利用搜索引擎检索时输入的关键词。

第二个阶段为保持，即储存被编码的信息。这一阶段类似于电脑的内存或硬盘的"存储"。

第三个阶段为回忆和再认，即忆起所储存的信息。这一阶段类似于电脑的"输出"，或者说利用搜索引擎检索时的检索结果。

毫无疑问，在整个过程中，与输入（识记）、存储（保持）相比，如何有效输出（回忆和再认）才是关键。

要在网络搜索引擎领域做到领先水平，就要有强大的输出力。记忆也是如此。从向大脑输入信息开始，我们就要考虑到以后能不能顺利检索输出。因此，为了实现高效输出，我们应该在刚开始记忆的时候就把信息设置为顺藤摸瓜式的。顺藤摸瓜式记忆，是一种线索式记忆，就是以某个信息为线索，让自己像顺着藤蔓找到瓜一样，不断牵引出其他关联信息。

这种记忆方法其实非常简单。我们只需要在记忆的初始阶段事先设置好"瓜藤"，然后在理解和记忆阶段，让信息像瓜藤一样产生连接。简单来说，就是将零散的信息编辑、连接、归纳为一个情景故事。

记忆的三个阶段

识记

输入

保持

存储

回忆和再认

输出

人类大脑的记忆过程分为三个阶段：记录体验到的事情，把信息储存到大脑中，在需要时提取出来。其中，能否在需要使用时顺利提取出信息十分重要。

💭 图解思维能改善学习上的"消化不良"

可能有的读者会完全照着本书所写的方式去做，但是我不建议这样被动地机械式地输入。就像吃饭一样，我们不能不经加工就直接食用食材。虽然说有的食材直接生吃更美味，但大多数食材都需要加工，不然要么不好吃，要么容易导致消化不良。

学习也是一样的。学习上的"消化不良"，是指不加以自己的理解就机械地记忆，获得的知识最终并不能真正为己所用。有效的学习，需要你按自己的理解对信息进行加工、处理，就像对食材进行搭配、调味、烹饪一样。在加工的过程中，记忆才会得到强化。因此，我认为学习就像烹饪一样，应该具备创造性，不能只靠眼睛看，要尽可能地自己动手整理、加工信息。

图解思维，便是能强化记忆的有效方法，因为它可以将某一瞬间的记忆变成后期能随时提取的长时记忆。简单来说，用图解思维来学习就是要通过绘制图表来整理信息，并动手写到笔记本上，其重点在于要将零散的碎片化信息串联为一个完整的故事图，也可以在其中加入自己的创意。

强制性复习记忆法的效果会在我们中学时期达到顶峰，然后随着年龄的增长而逐渐衰退，因为被动式学习并不能将知识和技巧转化成自己的。但是，自己主动加工信息的记忆法并不受年龄限制，因为运用这种记忆法能够把握信息的本质，让自己记得更牢固。主动加工信息也会成为让自己一生受益的良好的学习习惯。

◯ 图解思维的原理

　　图解思维是一种将相对独立、零散的碎片化信息整理成图的思维方法。所谓碎片化信息，指的是相对独立存在的某一个体要素，比如英语中的一个单词、历史中的一个事件、会计中的一个术语等。这种碎片化信息的最小单位是"关键词"。比如，在"A 和 B 组成 C"的说明文中，其中的 A、B、C 便是关键词，也就是最小的信息单位。将这些关键词连接成一张图，便是图解思维的基本原理。

　　利用图解思维，我们可以不断连接新增关键词，并把它们归纳到同一张图中。不用担心增加的关键词太多，因为只要归纳到同一张图里，人脑就能对它们进行集中理解和记忆。而且即使一时想不起来，借助其他相关信息线索也可以顺藤摸瓜，慢慢记起来。

碎片化信息的整理方法

A、B、C、D 等碎片化信息

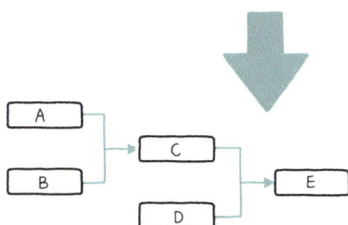

①连接、归纳。

我们可以将杂乱的信息连接并归纳为一项意义完整的信息来进行识记。

②分类、归纳。

③整理、存储。

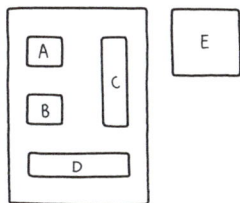

即使信息又杂又多，通过分类、归纳，我们也能更容易地从整体上把握信息的情况。

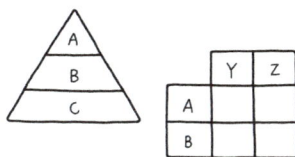

我们可以根据具体情况，选择不同的思维方法整理碎片化信息，并存入大脑，形成清晰的记忆。

　　总之，图解思维的记忆原理是：将碎片化信息整理、归纳后输入大脑，提取时借助其他信息线索完成回忆和再认。所以说，使用图解思维可以高效记忆，并在必要时随时轻松提取信息，实现有效输出。

💭 图解思维的 6 个优势

图解思维能同步提升记忆力与理解力，具有很多优势。简单来说，图解思维的优势主要有以下 6 个：

- 更容易把握整体的情况；

- 减少无用功；

- 便于记忆；

- 防止记忆遗漏；

- 让学习变得轻松；

- 让记忆更持久。

图解思维的这 6 个优势，都可以帮助我们在短时间内取得好的成果。尤其是在踏入社会后，我们只能充分利用好碎片化时间，一边工作一边学习。而利用图解思维学习，可以让知识更好地转化为成果。

可以轻松记忆并输出

信息关联，效果很棒

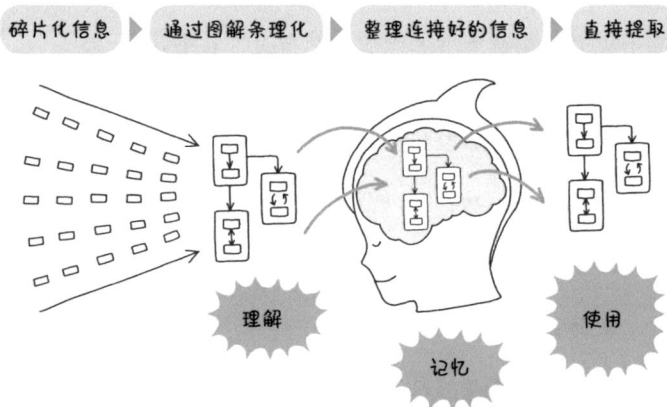

碎片化信息 ▶ 通过图解条理化 ▶ 整理连接好的信息 ▶ 直接提取

理解

记忆

使用

　　将杂乱的信息整理为一条有重要意义的完整信息链储存到大脑中，可以让记忆的效果更持久，而且可以随时提取。

　　通过图表整理碎片化信息，可以实现信息的轻松记忆与顺利提取。

图解思维是一种通用技能，适用于方案的整理与分析、商务洽谈、PPT 演示、会议、学习等大多数场景。掌握了这种思维方式，我们可以更高效地做事情。

图解思维的好处

⟡ 把"点"连成"线"能够提高记忆的效率

人脑不同于电脑，无法长久存储大量个人不理解的信息。但是，如果给信息赋予关联、意义和情节，那么人的理解力和记忆力会瞬间提升。

如果将单个的信息视为"点"，那么将其连接起来则会形成"线"和"面"，按照"整体—细节"的顺序理解与记忆，会提高记忆的效率，这就是图解思维。这一点用星座来解释会更为形象。我们很难一下记住几十颗星星的位置，但是如果用线将它们连接成形，再把连成的图形比作熟悉的物品或动物，这样记忆就简单多了。将"点"连成"线"，就是将单个信息连接组成线索后再存储到大脑中，可以理解得更加全面、更加深入。

　　人们常说，"只见树木，不见森林"，意思是如果过分拘泥于事物的细节，就会忽略大局。而理解事物的整体情况，就相当于"见到森林"。在信息收集和学习过程中，由于每个细节都会有很多信息，因此我们常会被"树"吸引。当然，这些细节也不可或缺，但是，如果不能从整体着眼，那么就无法明确每个信息在整体中的位置、意义、作用等，也无法把握信息间的关联。

　　举个我们身边的例子，股价每天都在随着各种新闻和经济指标的发布，而敏感地上下波动。但即便如此，从中长期来看，只要经济景气、企业效益好，股价总体是上升的。因此，把握大的发展趋势，对于解读股价来说都是很重要的。

　　换句话说，我们就是要着眼于整体来观察事物，先把大的动向、趋势、框架记在脑子里，然后再去观察细节，这样能轻松地记住每条信息。因此，把信息画成图来理解记忆会有意想不到的效果。图解思维，可以让你"既见树木，又见森林"。

☁ 注重输出才能提高学习效率

　　对职场人士来说，学习的目的主要在于输出。在面对问题时，我们必须能从大脑中提取出存储的信息，并据此解决问题。如果不能实现信息的输出，那么输入再多，都没有太大意义。

　　输出就是"成果"，所以我们需要对自己手头的信息进行分析和加工，让它变得更有价值。如果没有把握事物的本质，只是机械地将碎片化信息输入大脑，就不可能实现高效地输出。比如，自己明明学了十几年英语，但还是说不好，这就是因为输入太多而输出较少。

　　"输出优先"指的是在保证输出量的同时，尽可能减少输入量。"More with Less"（以最小的努力获得最大的成果）是其基本理念。所以"输出优先"的关键在于，从输入开始就要明确输出目标，包括输出的时间、对象、内容、量等。比如，你决定一个月后要向上司提交新产品的提案，为了完成这个输出，就需要制订好相应的调查、学习、构思的计划并执行，并且从工作开始就要考虑到最后该如何向别人解说方案，这样才能提高工作与学习的效率。要是自己能很好地整理信息，而且可以清楚明了地给他人讲解，那么说明你已经理解并把握了信息的本质。

通过图解思维，我们可以厘清问题整体与细节信息的关系，抓住问题的本质，在短时间内达到可以给别人讲解的水平。

总之，不要把精力集中在"怎么输入"上，而是要思考"怎么输出"，这才是提高学习效率的关键。

口号是"以最小的努力获得最大的成果"

重点是，制订学习计划时，要以完成最终输出所需要的最小输入量为前提。

💭 **线索信息越多，就越容易记忆**

我们如果不把信息和相关故事情境联系起来，有时就很难顺利记起。我们成年后的记忆大多是"情景记忆"，比如在什么时间、什么地点，遇到了什么人，做了什么。

用电脑可以直接找到目标信息，但人脑不一样，我们回忆信息时，大脑会访问和目标信息最接近的线索，并依据线索逐渐找到目标信息。

因此，记忆目标的相关线索信息越多，就越容易被记起。所以我建议大家尽量以集合体的形式记忆。

信息闪现的过程

①
咦?
这个人好像在哪见过啊? ● 点信息

②
啊!
他好像以前给我们做过
报告。 ○——● 线索信息

③
他给我们讲过智能手机
的用法,还挺有意思的。 ○——○——● 目标信息

对!是××公司的××先生!

　　大脑不是直接搜寻答案,而是利用脑网络的线索一点一点地处理。因此,在刚开始输入信息时就留下便于日后检索的线索极为重要。

◯ 画出来更易于发现遗漏信息

制作成图的好处之一，就是便于发现信息有没有遗漏。比如，信息整理的常用图解模型有矩阵图和维恩图，这些图中都有由线围成的模块。我们需要在模块里填入内容，如果不知道该填什么，那么，空的模块就是自身缺乏的知识和记忆。我们必须对欠缺内容进行检查确认，并把它们保存到记忆中，才能完成整体图。

只有像拼拼图一样把图片的每个部分拼在一起，才能组成一幅宏大的图像，而放眼全局，很容易就能发现遗漏的部分。而且从整幅拼图中，我们可以随时轻松地找取所需要的单块拼图。

💭　图解的过程是二次创作

即使你觉得自己学习不好，也不要悲观，这不代表你不聪明。人们常用 IQ 来衡量聪明程度，但据一些研究，68% 的人的智商在 85 到 115 之间。可见，人与人之间智商的差距并没有我们想象中的那么大。

那么，究竟是什么决定了学习成绩的好坏呢？其实成绩的好坏取决于是否找到了适合自己的学习方法并付诸实践。如果学习方法不适合自己，那么会出现注意力难以集中、记不住或者理解不了知识、学习效果不理想等现象，进而导致我们对学习产生抵触情绪，这样就会陷入恶性循环。因此，与其盲目地学习，不如找到一种适合自己的学习方法，更确切地说，就是要找到可以让自己快乐学习的方法。而图解思维能让人快乐地学习，非常适合自认为不擅长学习的人。

可能很多人误以为职场人士的业余时间有限，只有不断努力看书、背诵，学习才能有成效。可能也有人会认为职场人士根本没有时间做什么图表。实际上，只有自己亲自编辑、加工过的信息，才能真正成为自己的知识，为己所用。这种方法乍一看似乎是在绕远路，实际上却能让你在最短的时间内加深对知识的记忆与理解。

创造可以让人心情愉悦并让大脑活跃，而兴趣是实现高效的助推剂。学习本身就可以激发人的求知欲与好奇心，能让自己心情愉悦。事实也证明，学习效率的高低与学习时的愉悦程度有关，心情越愉悦，效率越高。图解式学习，能让你体会到学习的快乐，而且即使短时间内没有专注学习，你依然可以养成学习的习惯，看到学习的成果。

我们需要活到老，学到老。不妨试试图解思维吧，它会让你爱上学习。

☁ 图解思维调动肌肉记忆

神经元之间的接点叫"突触"，可以使神经信号在神经网之间传递。突触越多，大脑越活跃，记忆力和专注力也越强。因此，同时动员大脑的不同部位来记忆，能增强记忆力。比如我们常说的"肌肉记忆"，其实并不是身体某个部位的记忆，而是大脑在总动员后形成的强化记忆。

使用图解思维也能达到同样的效果。图解问题时需要手写文字（关键词）、手绘图示（图表和图画），因此负责逻辑的左脑和负责影像、空间的右脑会同时活跃。这样形成的记忆更为稳固，也方便日后随时提取。

全脑开动

左脑　　　　　　右脑

逻辑　　　　　　直觉

数量　　　　　　空间

文字　　　　　　影像

图解思维中包含图像和文字信息，需要同时调用大脑的不同功能来记忆，所以大脑的信息处理能力会得到显著提高。

一旦学会骑自行车，那么不管过多少年，我们都会记得怎么骑，这就是"肌肉记忆"，即大脑各个部位协调运作后形成的复杂记忆。将大脑的这个特征运用到学习与工作中，能很好地提高效率。

【专栏】

最佳学习法会随年龄而改变

为什么我总感觉学了却记不住呢？

读中学时，我的学习成绩很好，即使考前临时"抱佛脚"也能取得不错的成绩，所以没有很重视学习。但是升入高中后，情况急转而下，我的成绩开始居于下游，而且即使再努力也感觉记不住，知识不入脑，当时我特别苦恼。

原来随着年龄的增长，我们大脑的记忆方式逐渐转变为"逻辑性记忆"。因此，即使我们强行将零散的数字和文字信息（本书称之为碎片化信息）塞入大脑，严厉的"门卫"海马体也会紧关记忆之门。我们必须向"门卫"解释清楚逻辑关系，才能让信息顺利输入大脑。

第 2 章

图解思维的
基本要领

掌握要领，迅速提高脑力

如何画出一幅图

Step 1
找出关键词

制图的第一步是找出关键词。通常情况下，信息里出现的重要名词就是关键词。要判断所选词是不是关键词，就要看如果只浏览所选词，能不能理解文章的整体意思。以"大学生就业后便成为社会人员"这个信息为例，这里的关键词（重要名词）是"大学生"和"社会人员"，而"就业"则让两个词之间产生了关联性。

整合关键词操作起来也非常简单，先用线将各个关键词圈出来作为单个的信息要素，然后再用线将各个关键词连起来，并找到它们之间的关联性。这样整合信息，更容易把握整体意思。

大学生就业后便成为社会人员

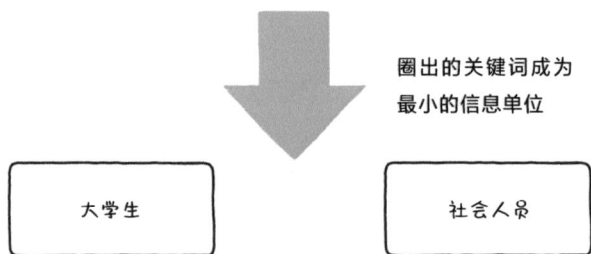

圈出的关键词成为
最小的信息单位

| 大学生 | | 社会人员 |

圈出文中的关键词。在这一阶段，关键词作为碎片化信息相互独立存在。

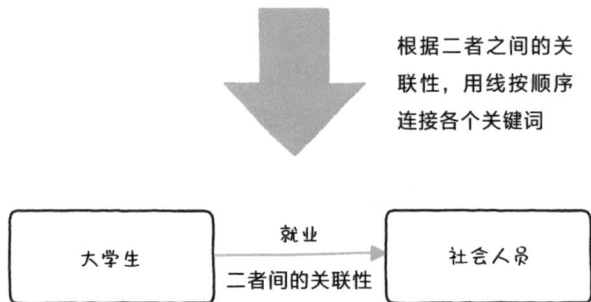

根据二者之间的关
联性，用线按顺序
连接各个关键词

| 大学生 | 就业 → | 社会人员 |

二者间的关联性

用箭头把两个关键词连起来。这样两个关键词之间就产生了关联性。箭头可以表示时间的推移、物品的移动等。

Step 2

连接关键词 1：用箭头表示因果、顺序、移动等

关键词被圈出来以后，需要再用线连接起来。连接线分为带箭头的（→）和不带箭头（—）的两种。通常来说，关键词之间如果有顺序，则需要带箭头，这样可以直观地看到事情的发展，没有顺序就无须带箭头。这里的顺序，是指因果关系、事物的移动等情况。移动也包含很多种情况：钱财和物品的流通，以及无法用肉眼看见的程序、路径、命令等。

比如，"下大雨可能引发洪水"，其中包含表示原因的关键词"下大雨"，以及表示结果的关键词"洪水"，需要用箭头表示事情发生的先后顺序，因此可用"原因→结果"模式表示。这种形式是最基本的图解模式。

箭头指明时间或顺序

原因和结果

下大雨 → 洪水

"下大雨"这一原因，导致了"洪水"的结果，可以用"原因→结果"的图示表示。

时间的经过、顺序

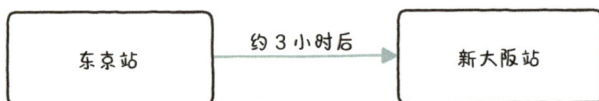

东京站 —约3小时后→ 新大阪站

从东京站乘新干线出发，约3小时后抵达新大阪站，可以用"→"表示乘车的时间和顺序。

物品、信息的流通

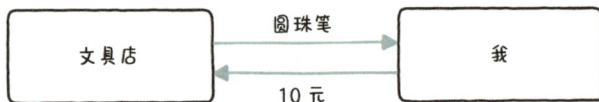

文具店 —圆珠笔→ 我
我 —10元→ 文具店

我在文具店拿了一支圆珠笔（商品或服务），支付了10元（货款），可以用"→"表示商品/服务和钱的等价交换及流通方向。

Step 3

连接关键词 2：对等关系用"线"连接，对立关系用"双向箭头"连接

两者之间如果是合作关系，比如夫妻、情侣、合作企业、同盟、同伴等，更适合用无箭头的连接线。如明代皇帝朱元璋和他的妻子马秀英的关系就是这样。这种夫妻间或者有血缘的亲人间的关系，属于对等关系，连接二者时不需要带箭头。

与之相反，如果两者之间属于竞争、敌对等对立关系，则需要用带双向箭头的线连接。因为在线的两端加上箭头，可以表示互斥的意味。如古代历史上，宋朝、金朝曾对峙多年，纷争不断，二者是敌对关系，应该用双向箭头连接。

通过连接线上有无箭头和箭头的方向来表达关键词之间的不同关系，比单纯阅读文字更加直观易懂，也更容易对信息进行模式化处理。

关系一目了然

亲密关系

夫妻

| 朱元璋 | | 马秀英 |

朱元璋和妻子马秀英之间的关系是对等的，不需要用箭头来表示等级和顺序。

对立关系

敌对

| 宋朝 | | 金朝 |

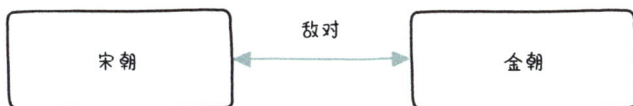

宋朝和金朝对峙多年，纷争不断，属于对立关系。

Step 4
组合关键词

关键词之间并非总是一一对应的，有时需要将多个关键词组合成一个关键词，或者将一个关键词拆分成多个关键词。

要表示多个要素融合为一个新要素，通常需要组合关键词。以一个常见的化学反应为例，氢气和氧气在燃烧条件下反应后会生成水，但氢气和氧气在生成水之前是各自独立的，所以画逻辑图时要在连接线的左边写上两个关键词——"氢气"和"氧气"，在右边写上一个关键词"水"。

另外，组合关键词时要注意按照从左到右或者从上到下的顺序排列，箭头的方向一般要符合人视线的移动习惯，否则虽然不影响逻辑，但是不易于直观理解。

这种组合关键词的形式也适用于表示多个企业合并为一个新组织的情况。

企业间的合并、重组现象相当常见，可能是几个公司合并为一个新公司，也可能是几个组织重组后开展新业务。尤其是近些年，企业为了扩大规模而不断合并的现象屡见不鲜。以日本三菱东京 UFJ 银行为例，通过画逻辑图能更加直观清楚地展示其合并流程。

企业间的合并

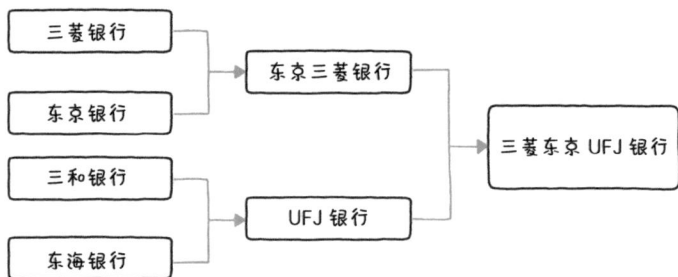

```
┌─────────┐
│ 三菱银行 │─────┐
└─────────┘     │    ┌───────────┐
                ├───▶│ 东京三菱银行 │───┐
┌─────────┐     │    └───────────┘   │
│ 东京银行 │─────┘                    │    ┌──────────────┐
└─────────┘                          ├───▶│ 三菱东京 UFJ 银行 │
                                     │    └──────────────┘
┌─────────┐                          │
│ 三和银行 │─────┐                    │
└─────────┘     │    ┌───────────┐   │
                ├───▶│  UFJ 银行  │───┘
┌─────────┐     │    └───────────┘
│ 东海银行 │─────┘
└─────────┘
```

　　用连接线与箭头组合关键词，可以清楚地呈现日本三菱东京 UFJ 银行具体的合并流程。

Step 5
拆分关键词

　　拆分关键词就是将某个关键词分成多个关键词，并用连接线和箭头表示它们之间的关系，适用于表示某要素的分解、分裂。

　　以电解水生成氢气和氧气的化学反应为例。先在左侧写上主题要素——"水"，然后画线拆分为两个分支，在两个分支线末端分别注明氢气、氧气，最后将拆分方式"电解"两个字标注到连接线上方。因为有时间先后顺序，所以要在连接线末端加上箭头表示时间的推移。这样一来，整个过程就十分清楚了。

拆分时，可以把关键词按层级进行分类，这样做出来的图，形似大树的分枝，所以又被称作树状图。树状图可以将一个关键词不断细分成不同的关键词，最后形成一幅导图，常用来表示逻辑思维或者组织结构。

比如，对茶叶进行分类，可以首先将"茶"按加工工艺的不同分为"发酵茶"和"不发酵茶"，然后不断细分，最后对应到我们熟悉的茶叶。这样按层次划分关键词，并将同一层次的关键词并排展示的图解模式，可以让整个组织结构条理清楚，一目了然。

茶叶的分类

```
                    ┌─────────┐          ┌─────────┐
                    │ 不发酵茶 │──────────│  绿茶   │
                    └─────────┘          └─────────┘
  ┌─────┐
  │  茶  │
  └─────┘                               ┌─────────┐     ┌─────────┐
                                        │ 半发酵茶 │─────│  乌龙茶  │
                                        └─────────┘     └─────────┘
                    ┌─────────┐         ┌─────────┐     ┌─────────┐
                    │ 发酵茶   │─────────│ 全发酵茶 │─────│  红茶   │
                    └─────────┘         └─────────┘     └─────────┘
                                        ┌─────────┐     ┌─────────┐
                                        │ 后发酵茶 │─────│  普洱茶  │
                                        └─────────┘     └─────────┘
```

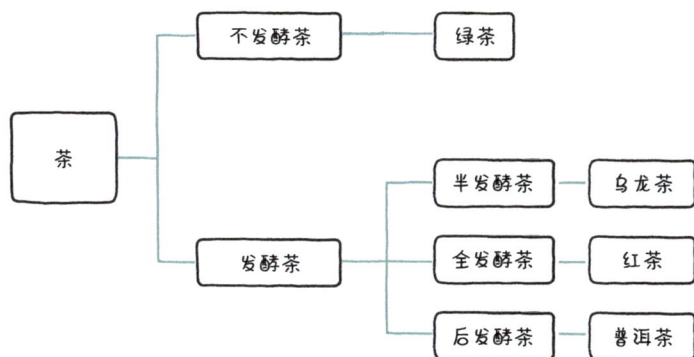

　　普通信息用这种树状图分类会很方便，通常按照由左到右或者由上到下的顺序展开。如果没有特殊的时间先后或顺序，同类关键词可以归为一组并排表示。

Step 6

把关键词分组

将同类关键词用更大的方框围起来以后归类为一组，这样就能形成一个大的信息模块，将信息结构化。这样不仅可以防止要素遗漏，还可以使结构更有逻辑感。

将关键词分组后需要给分组命名，这被称为组名或者标题。对标题命名时，需要考虑组内各个关键词所承载的共同信息，如颜色、形状、国家、种类等。例如，我们可以根据行业、归属国等属性给列出的企业进行归类分组——三星电子和 LG 电子都属于韩国 IT 企业，谷歌公司和苹果公司则属于美国 IT 企业。

整理多个关键词的时候，可以先圈出同类的或者相似的关键词，形成一个分组，并拟定标题，然后再将几个分组圈起来，形成更大的组合。

分组清晰

①整合同类关键词并提炼标题

韩国 IT 企业

三星电子   LG 电子

②将小组进一步汇总为大组，并提炼标题

IT 企业

美国 IT 企业

谷歌公司   苹果公司   微软公司

韩国 IT 企业

三星电子   LG 电子

Step 7

用连接线的粗细和种类区分信息的重要程度

　　用不同种类的连接线，可以表示关键词之间不同的关联性质。如果用实线代表当下的现实信息，那么用虚线则可以表示非当下的假设信息。因此，虚线既可以表示将来、计划等信息（比如预定在一年后开通的车站、计划合并成立的公司、三年后的预计销售额等），也可以表示过去的信息（比如曾经的合作伙伴、过去的业务往来等）。

　　我们还可以通过线条的粗细区分信息。颜色浓、形状粗的事物容易吸引人的注意力，让人印象深刻，因此，在圈出更高一级的主题或者更重要的关键词时，建议使用粗线或者双线。

下页展示的是一幅车站路线规划图。当前没有 C 站，但是计划在将来建成并与 B 站相连，因此我们可以用虚线来表示 C 站，与其他站点进行区分。

同时，我们会注意到，机场和 A 站部分的路线在整个交通网中最为重要，所以只有这部分用粗线强调。在图解过程中，遇到主干与分支，或者基础与应用之类的关系时，建议通过线条的粗细来区分信息的重要程度。

车站路线规划图

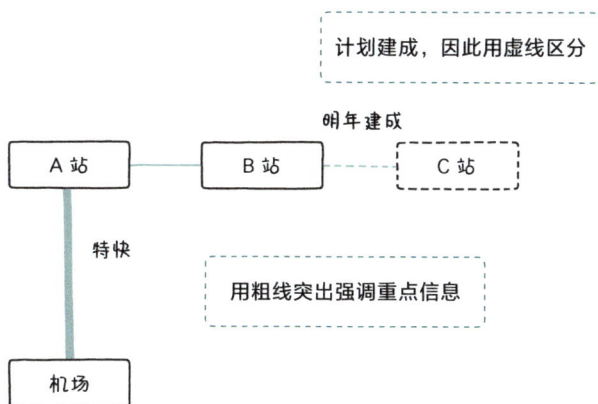

计划建成，因此用虚线区分

明年建成

A 站 ——— B 站 - - - - C 站

特快

用粗线突出强调重点信息

机场

Step 8
用不同的边框样式区分不同主题

随着关键词数量的增加，我们需要区分关键词的种类。我们可以根据关键词的种类，选择不同形状、不同色彩的边框图形，用一种样式表示一类信息，比如数字用方框表示，字母用圆圈表示。这样一来，我们一眼就能知道有几类信息。

下页展示的是会议座席表。参会的 9 个人分属 3 个不同部门，因此需要借助边框的形状、色彩区分。如果打算通过形状区分，我们可以选择矩形、椭圆形、菱形等识别度高的形状。如果觉得按形状分类麻烦，也可以通过颜色来区分。如果想借助颜色来区分，手头却没有彩笔，也可以通过填充不同的图案进行区分，比如通过在框内画斜线、圆点等进行简单区分。

按照所属部门区分座位表

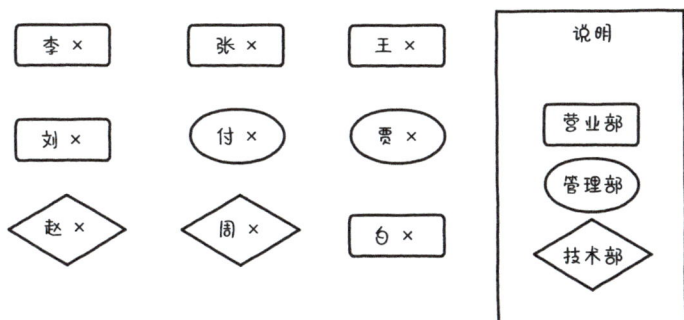

李 ×	张 ×	王 ×	说明
刘 ×	付 ×	贾 ×	营业部
赵 ×	周 ×	白 ×	管理部
			技术部

　　按边框形状区分关键词，可以使用矩形、椭圆形、菱形等识别度高的形状来区分。

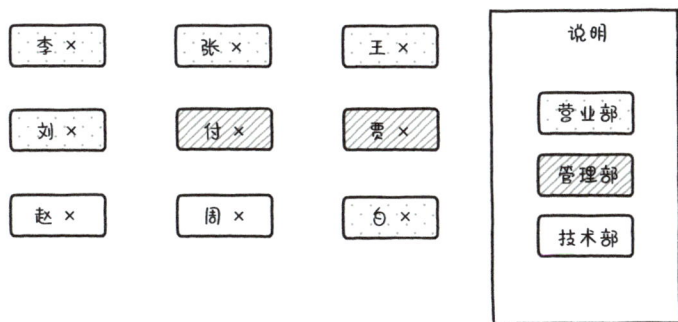

李 ×	张 ×	王 ×	说明
刘 ×	付 ×	贾 ×	营业部
赵 ×	周 ×	白 ×	管理部
			技术部

　　如果不变换边框形状，则可以通过在方框内填涂不同的图案来区分关键词，比如用圆点、斜线、空白三种图案来区分。

Step 9
用图案将信息变得直观易懂

现在网络上流行用"表情包"，即表情符号来传递信息，这种符号可以突破文字的限制，精准地传达难以用文字来表达的微妙感觉，非常方便。在图解式学习中，圈出关键词是基础，但是，有时为了能在短时间内更加直观地理解信息，也可以使用简笔画图案。即使画得不好也没关系，我们只需要用写一个字的时间画个简笔画即可。

下页展示的是文件的发送方式。虽然已经用分支线将文件发送方式区分成三大类型，但是只看关键字依然不好区分。稍微花点心思，在各个关键词后面添加形象的简笔画，就能更直观地区分发送方式。

网络发送

文件发送方式

快递送

亲自送

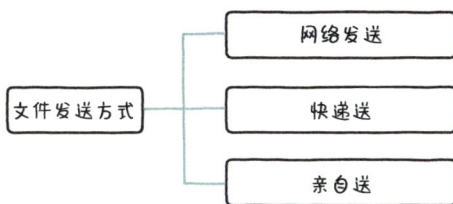

可见文件的发送方式有三种，虽然能明白大体意思，但是无法获得直观的具体印象。

关键词＋图，清楚明了

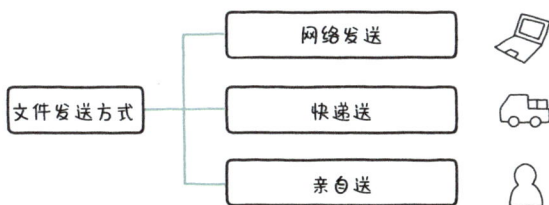

网络发送

文件发送方式

快递送

亲自送

简笔画的视觉辅助让三种发送方式的区别变得清楚明了。如果是电脑绘制，可以将动态图或者图片添加到关键词旁；如果是手绘，简单画个简笔画就足够了。

应用例示

（英语）图解动词词组：效率骤升

> 英语中有些动词，除了有最基本的意思以外，与不同介词或副词搭配，还会衍生不同的意思。例如，get up（起床）、turn off（关掉）、look forward to（期待）、carry out（实行）等词组。

这些动词虽然都很简单，但是能组合成很多意思相异的词组，单纯机械记忆的话容易忘却。如果采用"特定动词＋α"的组合，将词组列成导图，并结合语境记忆，就能够加深理解，记忆效果也更持久。

接下来我们将以单词 turn 为例，利用图解式学习法来记忆常用的词组。

turn 开头的动词短语

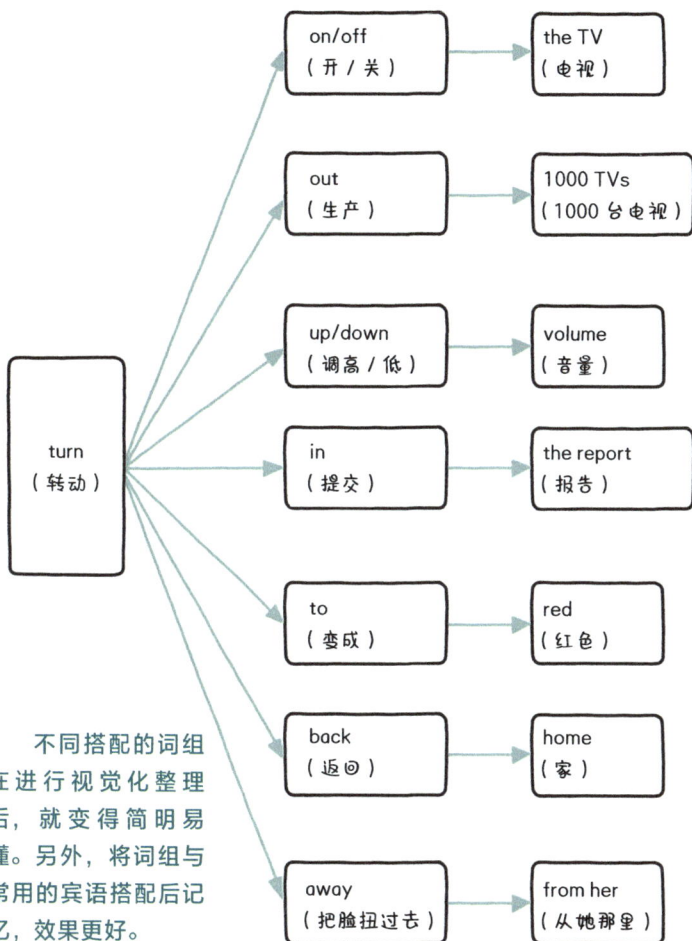

turn
（转动）

- on/off（开 / 关） → the TV（电视）
- out（生产） → 1000 TVs（1000 台电视）
- up/down（调高 / 低） → volume（音量）
- in（提交） → the report（报告）
- to（变成） → red（红色）
- back（返回） → home（家）
- away（把脸扭过去） → from her（从她那里）

不同搭配的词组在进行视觉化整理后，就变得简明易懂。另外，将词组与常用的宾语搭配后记忆，效果更好。

应用例示

（信息技术）图解互联网结构：简单明朗

互联网通过各类网络运营商的通信技术支持来连接各台电脑。下面，我将介绍几种主要的网络运营商类型。

◎ LAN：指一定区域内的局域网。即通过作为互联网出口的路由器和连接区域端口的集线器，连接多台计算机，组成计算机通信网络。

◎ ISP：网络业务提供商的简称，主要向公司或个人等广大用户综合提供终端设备的互联网接入业务。大型 ISP 下还开设小型 ISP 和区域限定型 ISP。

◎ IX：指专门为大型 ISP 间的相互连接提供服务的运营商，数量极少。

　　只用语言文字描述，人们很难理解这类复杂信息，但是如果将信息画成图就容易理解得多。接下来，我们尝试用层次结构图来分析 LAN、ISP、IX 三大类网络运营商之间的关联。这种结构图具有层次性，通常层次越高，要素数量越少。绘图时必须通过不同边框区分出三大类网络运营商，边框形状没有限制，只要能够区分即可。下页中，我分别用六边形、椭圆形、矩形来区分三大类网络运营商，且用简笔画来表示局域网内的电脑。

图解后变得简单明朗！

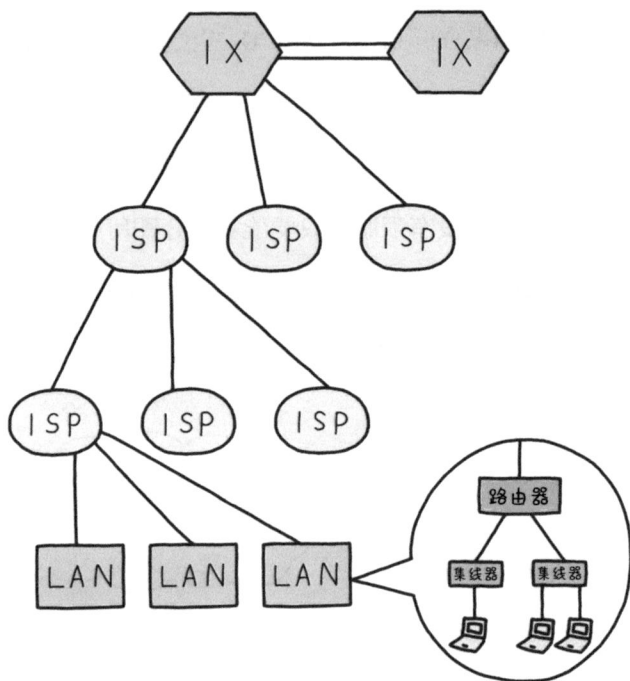

三个关键词 IX、ISP、LAN，分别用六边形、椭圆形、矩形区分。通常层次越低，关键词个数越多，因此这里没有画出所有要素，只是展示了结构。

【专栏】

如何高效利用时间

"短而频"的学习时间才是比较理想的

从学习效果来看，每次不要学太多内容反而会更好。另外，保持充足的睡眠，会使记忆更加牢固、有条理。因此，与其在周末长时间集中学习，不如每天都坚持学一点。这与坚持经常锻炼是一个道理。

实际上，我们人类并不能长时间集中注意力。比如许多学校把课程和讲座时间设定为 60 ～ 90 分钟，其实这对学生来说，需要集中注意力学习的时间过长了。又如同声传译，这项工作要求注意力必须高度集中，因此一般每隔 15 分钟便需要换班。

我平时也会尝试将一个小时分为 4 段，也就是以 15 分钟为时间单位进行学习。

当然，时间单位的长短因人而异。比如，有名的番茄

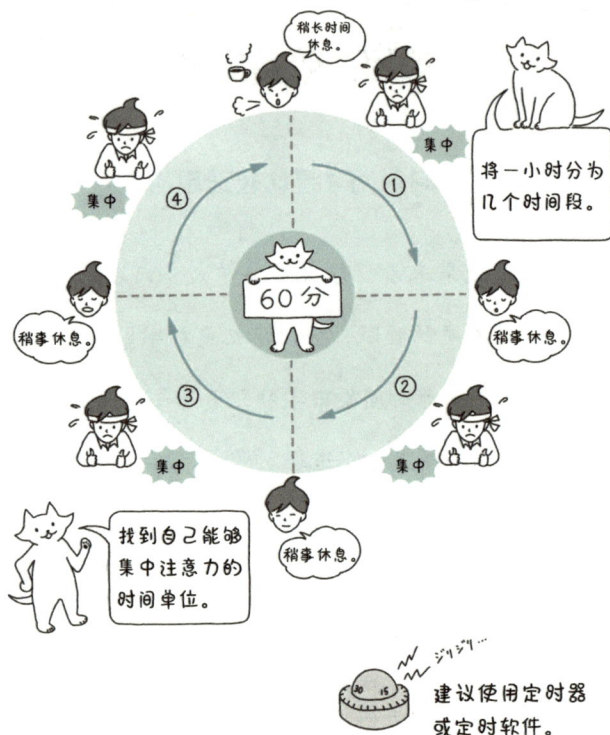

能集中注意力的时间长度因人而异。如果以 15 ~ 30 分钟为时间单位集中注意力学习，然后短暂休息，不断循环，那么每次学习都能最大程度地集中注意力。当然，每经过 60 ~ 90 分钟的学习后，需要一次稍长时间的休息。

时间管理法是将番茄时间设定为 25 分钟，在此期间高度专注工作，定时器响后短暂休息，然后进入下一个学习阶段。无论是以 15 分钟还是以 25 分钟为时间单位，只要是在短时间内专注学习，效果都很好。

要想坚持每天学习，必须确保除吃饭、睡觉、通勤等必要时间外，还能预留出一定的学习时间。如果一直想着工作优先，有时间再学习，那么很难真正投入学习。其实，即使没有完整的大段时间，你也可以充分利用好通勤时、泡澡时、起床后、睡觉前等碎片化时间来学习。对于普通的职场人士来说，这样的碎片化时间每天加起来约有 3 小时。

可能有的读者会想：首先要保证学习时间，那是不是就意味着可以不用好好工作了呢？实际正好相反。因为有时候工作的成效与时间长短关系不大。正确的做法应该是，在工作开始就给自己设定时间限制，在取得目标成果之前不能懒散，确保在有限的时间内全力以赴。

我们学习是在为将来的自己赋能，和吃饭、睡觉一样重要，所以一定要确保自己每天都有学习时间，哪怕时间很短。

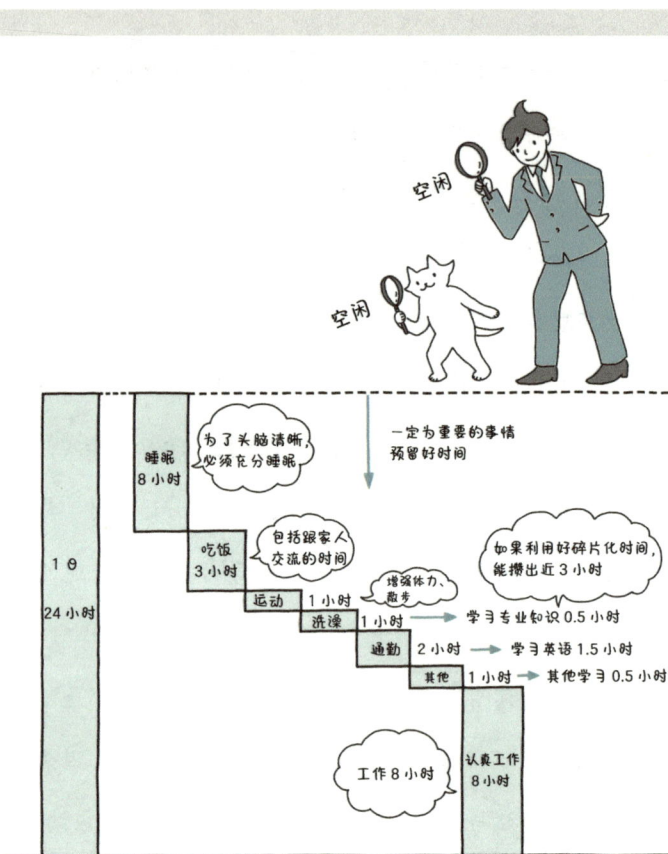

每个人一天都只有 24 小时，所以必须预留好处理重要事情的时间。即使非常忙碌，如果每天都能利用好通勤、等待等碎片化时间，应该也能挤出近 3 小时的学习时间。

第 3 章

图解思维的 6 种常用模型

掌握模型，知识生产力能提高 10 倍

掌握图解模型，有效提高知识输出力

将我们所掌握的知识转化为生产力的一个有效手段，便是掌握图解思维的"型"（模型、模板），这可以帮助我们更加快速地整理与理解信息。要是能掌握下页展示的 6 种常用思维模型的特点，我们就可以在使用时根据不同的目的和用途灵活选择适用模型，高效地实现知识的输出。

比如，如果我们要分析某组织的架构，那么应该按照组织的层级进行分类，可以采用"金字塔型"图解；如果需要根据实用性和价格区分多种商品，则可以采用"矩阵型"图解；如果要处理电脑程序信息，需要依照程序进行，则适合采用流程图或甘特图。我们可以根据具体的应用场合，灵活选择图解模型。

6 种常用图解模型

①表示层次结构
金字塔型

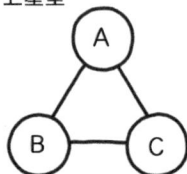

②表示以两种不同的角度分类
矩阵型、XY 坐标型

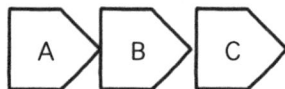

③表示集合（类）之间的关系
维恩图

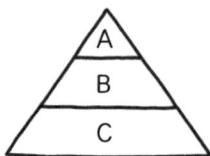

④表示要素间独立均衡
卫星型

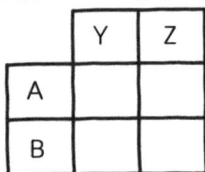

⑤表示时间流程
过程图、循环图、流程图和甘特图

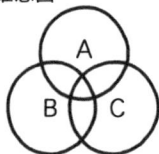

⑥表示数量变化和比例
各种统计图表

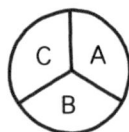

◯ 金字塔图：清晰地表示结构

　　金字塔型图解模型，结构层级分明，适合用来表示层次结构。通常金字塔图中的层次越高，关键词越少，表示的功能越齐全、地位越特殊，所以常用于表示企业等组织的结构和社会等级等。以企业为例，企业上层是经营者，中层是管理层，下层是普通员工，企业的组织架构就可以用金字塔图表示。

　　金字塔型图解模型也能以树状图的形式出现。我们在进行逻辑思考和 PPT 演示时，可以灵活使用这类模型。具体使用时，首先要展示结论，然后引出得出结论的理由，最后列出客观论据。

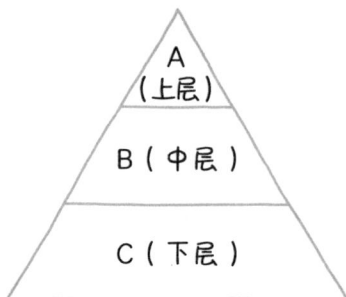

金字塔型图解模型不仅适用于表示阶层越高、关键词越少的组织或结构，还可以用于表示逻辑结构。

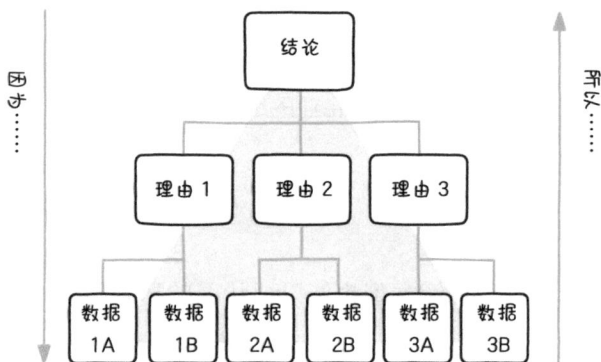

可以将逻辑结构整理成金字塔型，最上面展示结论，然后列出得出结论的理由，最后列出数据。这种结构也可以倒过来，先从数据开始展示，最后导出结论。

💭 矩阵图：清楚地对比信息

矩阵图便于进行信息对比，搜寻对应元素，还可以防止信息遗漏，所以常被用于信息整理。制作矩阵图时，要设定行和列，并在行和列的交叉处填入数据，排列成矩阵，所以也被称为行列图、表组、表格，或者只是简单地被称为表。

行和列的数量虽然没有特别限定，但是越少越便于整理信息，因此应该尽量控制在 2 ~ 3 个。

下页第二幅图是矩阵图的具体应用案例，该矩阵图对比了 A、B 两个方案的优点和缺点。这种列举对比多个元素优缺点的矩阵图，也被称为"方案列表"，常被用于商业规划。

	列 Y	Z
A	A 且 Y	A 且 Z
B	B 且 Y	B 且 Z

行

这是典型的两行两列矩阵图。在行和列的交叉处填入数据，组合为矩阵图，分析成对的影响因素，应用非常广泛。

	优点	缺点
A 方案	激活经济	加重环境恶化
B 方案	注重环保	增加国民负担

这是某政策方案列表。A 方案注重激活经济但会加重环境恶化问题；B 方案注重环保，力求可持续发展，但是某种程度上又会增加国民负担。两种方案的优缺点一目了然。

☁ XY 坐标图（定位图）：准确地定位差异

　　XY 坐标图（定位图）设有纵轴 Y 轴和横轴 X 轴两条基准轴，并在两条基准轴上设计重要指标，配置相应要素。XY 坐标图与矩阵图的明显区别在于 XY 坐标图有"值"，"值"有大小，因此可以表示对比。例如，利用箭头方向，可以表示从高价到低价，从多功能到单功能的变化。

　　XY 坐标图常被用于市场营销，将价格和性能设定为两个轴，可以对比分析自己公司与其他公司产品的差异。

找到微妙的差异

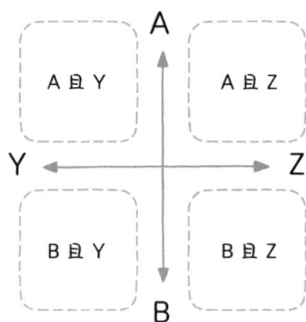

　　整理信息时，可以在 A-B、Y-Z 轴上设定重要指标。如果是为分析市场营销战略而进行产品分类，那么常会将价格、性能等要素设为指标。需要注意的是，横轴、纵轴正反方向都要有箭头，以便进行对比。

💬　维恩图：便捷地归类信息

给信息分组时，我们通常会把相似的信息分成一组（集合），但是，也有某些信息可以同时归入多个组的情形出现。

在维恩图中，一个圆表示一个集合，交叉重合的部分同时属于多个集合。也就是说，要把符合条件的信息放在圆内，把不符合的放在圆外，因此，要表示某个信息既符合 A 也符合 B，用维恩图效果最佳。

比如，下页第二幅图是会讲日语、英语、汉语的人的分类情况。只要将目标信息纳入圆内，就能清晰地进行分类。

A且C

非A非B亦非C的部分

A组

A且B

且A且B且C的部分

B组

C组

B且C

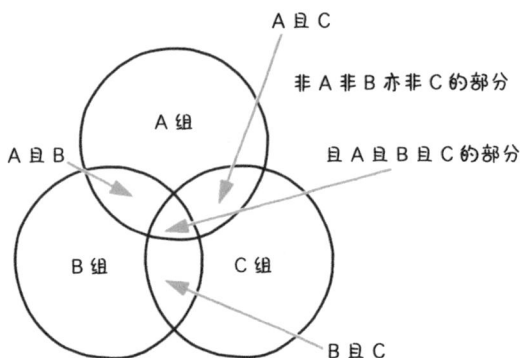

把相似的各个信息用线圈成一个组。但是，如果一个信息同时属于两个及以上的组，那么用维恩图表示，可以让分组关系变得明了。

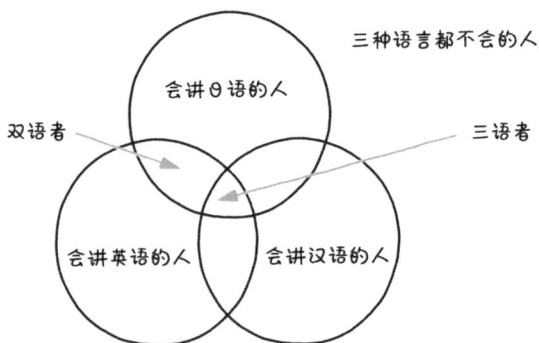

三种语言都不含的人

会讲日语的人

双语者

三语者

会讲英语的人

会讲汉语的人

会讲日语与会讲英语的人交叉的部分是双语者（会讲两种语言的人），会讲日语、会讲英语、会讲汉语的人三者交叉的部分则是三语者（会讲三种语言的人）。

◯ 卫星图：表示均衡关系

　　卫星图适用于表示多个要素势均力敌、难分优劣的情形，比如表示多种势力相互均衡的关系。但是，如果要素太多，会难以维持平衡，所以关键词最好设置 3 ~ 5 个。

　　当然，在卫星图中，不用圆圈而是用方框框出关键词也不是不可以，但是以中心点为轴画的图（辐射图等）还是用圆形更适合，因为圆本身与中心点距离相等，更容易保持图形整体的平衡。要表示三位一体、三角关系、三权分立等均衡关系，常使用由三个要素组成的卫星图。我们可以在三个圆圈的中间写入整张图的标题。

相互独立，关系均衡

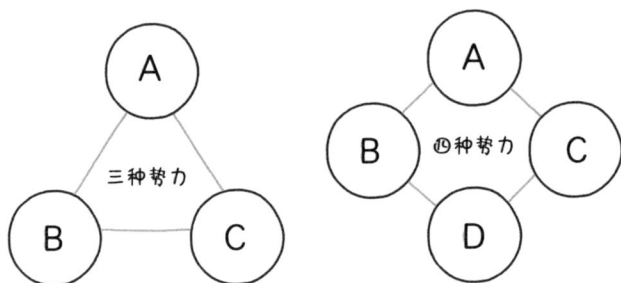

A、B、C之间，或 A、B、C、D 之间，力量势均力敌，难分优劣，去掉任何一方，整体关系都会失去平衡。在圆圈里加入相互独立的关键词。

💭 过程图：有序地表达过程

过程图用于反映事物发展的顺序以及运行过程，具体来说，就是按照时间顺序分析程序、梳理流程，具有单向性。

我们可以用展现前进方向的五边形表示一个个步骤，然后按顺序将五边形连接起来。用五边形连接，其实和在普通的四边形右边画上箭头连接表示的意思一样，但是因为五边形本身可以强调前进方向，因此更具有视觉冲击性。根据我们的用眼习惯，画这种图时需要按照从左到右或者从上到下的顺序来画，这样更清楚易懂。

过程图常被用于企业活动，因为企业需要按照程序和规则办理业务，很多场合都可以用过程图来表示。

第一步　　第二步　　第三步　　‥‥‥

时间顺序

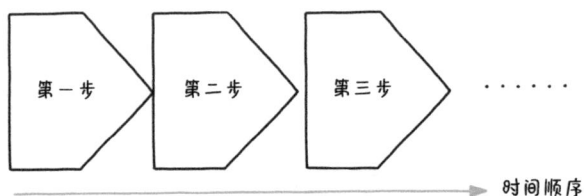

处理和程序都要一步步按顺序进行。因为随着时间的流逝单向进行，所以要使用带有前进方向的五边形。顺序则需要由左及右，或者由上及下。

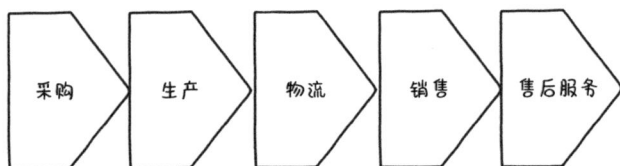

采购　　生产　　物流　　销售　　售后服务

这是某企业的业务过程图，涵盖从采购到售后服务的整个流程，每个过程还可以进一步细分。通过整个业务过程，可以发现制约生产发展的瓶颈。

◯ 循环图（周期图）：轻松地处理循环

周期图是由过程图衍生而来的，在按时间顺序运行这一点上两者是相通的，区别在于过程图有起点和终点，而周期图只有起点没有终点，无限循环，因此又被称为循环图。

职场中常用"PDCA"循环图改善业务。此循环图也可以用于表示细胞分裂引起的增殖、气候变暖引起的恶性循环等。

最近，"框架"（Framework）这个词常在职场中被提起。通俗地讲，"框架"就是简易的图解模型，适合用来展现组织架构、制定战略、分析现状。

SWOT 分析、3C 分析等，听起来感觉像是职场专用的晦涩的专业术语，其实就是图解模型。我们只要掌握这些图解模型的形状特征和使用方法，就能灵活应用。

不断循环

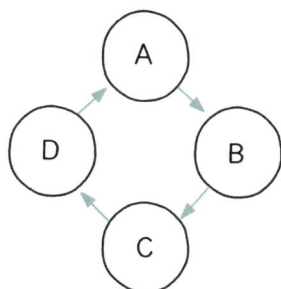

按 A → B → C → D → A……的顺序，不断循环。

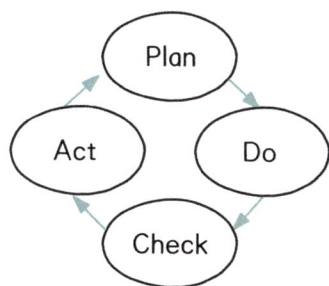

Plan（计划）、Do（执行）、Check（检查）、Act（处理）四个过程不断循环，进而改善业务。

○ 流程图和甘特图：有序地管理流程

流程图是由过程图发展而来的，两者都是要按照时间线梳理流程。但是流程图的流程要更加复杂，常被用于表示可同时执行多项操作指令的计算机编程及其他复杂活动流程等。

绘制流程图需要根据各流程职责的不同选择使用不同形状的边框，如起始和终止使用圆形，执行过程使用方形，出现分歧时的条件判断使用菱形。

甘特图是主要体现过程所需时间的图解模型，它的特征是表格的每一行表示过程的种类，每一列表示时间。这种图可以很方便地显示同时进行的各项业务，因此适用于项目的日程管理等。

时间和时段

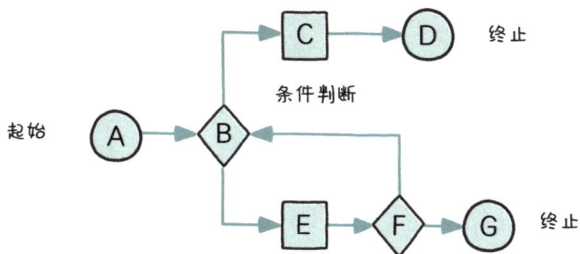

流程图常用来表示计算机程序及其他复杂程序，需要根据不同的作用使用不同的符号，如起始和终止使用圆形，一般过程使用方形，条件判断使用菱形。

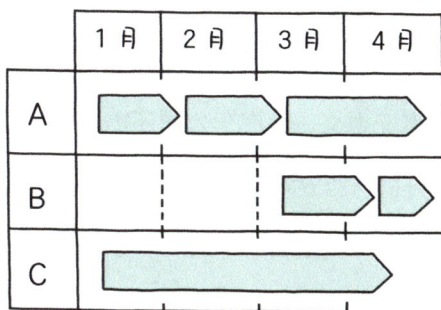

甘特图方便用来同时显示各流程所需要的时间以及整体进度。每一行表示过程的种类（如设计、试验、验证等），每一列表示时间（如某月）。我们可以根据过程所需的时间调整图中五边形的长度。

◯ 统计图表：直观地显示信息

我们处理数字信息，不能只简单地罗列数字，而是要将数字处理到能让人直观把握事物整体情况、问题所在、发展走向的程度。而利用图表可以突显某些特殊的数字，实现信息可视化。

例如，2017 年某品牌汽车前三个月的总销售额约为 28 万亿日元（约合人民币 13330 亿元），但只知道这个零散的数字信息毫无意义，该汽车公司还需要对这个信息进行解读，比如分析与业界对手相比的情况、三年来的增长额、销售国家与销售车型的分布，等等，从而读出"收益在业界较高""销售额长期稳定""在亚洲地区销售额增加"等信息。这样解读后的数字信息才有意义。

从数字中可以解读信息

比例	通过比例、份额、比率等，把握各部分在整体中的重要程度。例如，某公司某产品的销售总额为 100 亿元，某部门 10 亿元的销售额在公司销售总额中所占份额为10%，可见该部门业绩的重要度并不算高。
时间	在时间维度内把握变化。例如，通过了解最近三年销售额的变化，可以分析该产品的市场趋势。
对比	与他者的数值进行对比。例如，与其他公司的销售额、产品性能指数进行对比，都有助于客观地对产品做出评判。
相关	分析具有相关性的数值。例如，要想证明气温越高，饮料销售额越高，需要罗列诸多气温与饮料销售额的相关数据，来判断二者的相关性。
均衡	计算出两种不同数据的均衡点。例如，供需均衡时的产品价格，成本与利润相当时的盈亏均衡点，这些都是制定战略时需要考虑的重要指标。

如今职场需要这种能够从不同角度解读数字信息、分析问题趋势的能力。

有时，数字很难直接进行解读，这时将数字中蕴含的信息可视化就特别重要。将数字转化为有大小、高低之分的形状，能够更清晰地解读数字。

有些人可能习惯将表格里的统计结果直接抄到笔记本上，但是如果你肯动手画个图表，你能更好地理解表里的信息。

下页展示的是一些能将数字可视化、切实提高数字处理能力的常见图表，可以根据自己的需求灵活运用。

工作中常用的五种图表

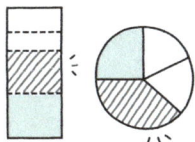

表示比例的图表
以整体为 100%，可以直观看出数据所占份额为多少。可以通过画斜线等，突出想要强调的部分。

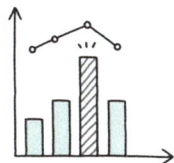

表示时间与变量的图表
横轴表示时间，纵轴表示数量。如果数据只有一种，可用柱状图；如果数据有多种，则用折线图。

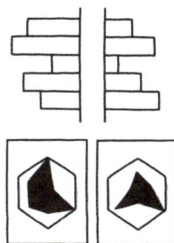

表示对比的图表
如果需要对比的对象较多，可以使用左右对称排列的横向柱状图，或者蜘蛛网图（雷达图）。

表示相关关系的图表
可使用点图。如果点集中于某处，或者围绕在某函数线上，则说明数据间相关性很强。

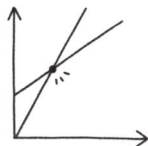

探寻均衡点的图表
通过找到两个函数的交叉点来探寻两种数据的均衡点。

应用例示

（英语）如何总结同类型表达

英语中"下周"是"next week"，"下下周"是"the week after next"，"下个月""下下个月"同样可以用"next month"、"the month after next"来表达。同样，只要记住了"上个月""上上个月"的表达，也可以类推周的类似表述。这种模式化表达，如果用矩阵图总结，就会一目了然。

如下页所示，竖向表示时间单位（日，周，月），横向表示时间推移，以此来制作矩阵图。在交叉的地方，填入对应的英语单词。例如，在"下个"与"周"交叉的地方填入"next week"。在"下下个"与"周"交叉的地方写入"the week after next"。使用矩阵图进行整理，可以让模糊的理解变得清晰明了。

	上上个	上个	现在	下个	下下个
日	the day before yesterday	yesterday	today	tomorrow	the day after tomorrow
周	the week before last	last week	this week	next week	the week after next
月	the month before last	last month	this month	next month	the month after next

　　以"现在"（this）为中心，前后分为"上个"（last）、"上上个"（the ~ before last）、"下个"（next）、"下下个"（the ~ after next）几个矩阵，可以发现不管是以周为单位，还是以月为单位，都可能是同种表达模式。

应用例示

（经营）如何深挖数字的含义

假如我们只知道某业务的销售额为 3 亿元，那么仅凭这一个数字，我们无法提取有效的信息，还需要从该业务销售额在公司总销售额中所占比例、销售额几年来的发展趋势、与其他公司对比等角度综合分析。

分析所占比例：如果该业务销售额占公司总销售额的 30%，那么我们可以得知，该业务虽然销售额不算少，但是也称不上销售主力。

按时间顺序观察业务发展态势：假设过去三年的销售额分别为 5000 万元、1.5 亿元、3 亿元，将这些数据排列成柱形图分析，可以看出本业务发展态势向好。

与其他公司对比：如果竞争对手公司过去三年销售额也在逐年增长，可以推断行业本身发展态势总体向好。

不同角度图解 3 亿元销售额

分析所占比例

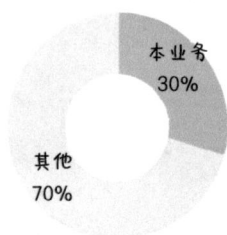

本业务
30%

其他
70%

称不上销售主力

按时间顺序观察业务发展态势

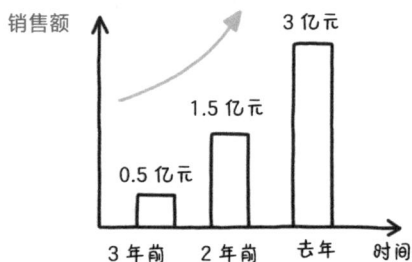

销售额

3 亿元

1.5 亿元

0.5 亿元

3 年前　2 年前　去年　时间

本业务发展态势向好

与其他公司对比

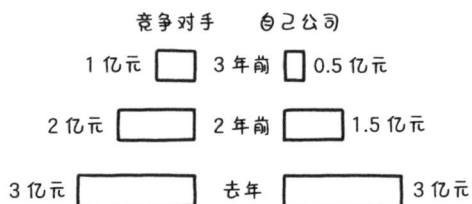

竞争对手　自己公司

1 亿元　　3 年前　　0.5 亿元

2 亿元　　2 年前　　1.5 亿元

3 亿元　　去年　　3 亿元

行业本身发展态势向好

利用图解思维，再也不害怕背诵公式

用 r 表示圆锥底面半径，用 l 表示圆锥母线，求圆锥表面积（S）的数学公式为：$S=\pi(r^2+lr)$。我本人已经完全忘记这个公式了，但是，不记得是不是就解不出表面积了呢？其实不是。

我们可以利用容易记忆的基本公式（比如圆的面积公式：$S=\pi r^2$）来进行推导。如果一开始并没有理解问题的本质便试图死记硬背所有公式，那么即便记住了公式也还是不会变通应用。当然，也有些人在反复使用这些公式的过程中，可能会逐渐理解公式的本质，但这就另当别论了。

其实在数学中，能够自己绘制、编辑图形的作图能力非常重要。越是难考的学校，入学考试的试卷中越少出现能生搬公式的题目。

例如，将圆锥展开，我们可以得到一个组合图形。能

求圆锥表面积公式

圆锥表面积公式
$S=\pi\left(r^{2}+lr\right)$

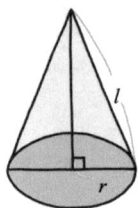

这么多公式不可能记住啊！

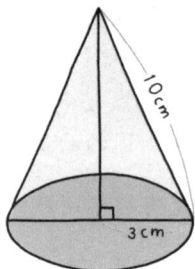

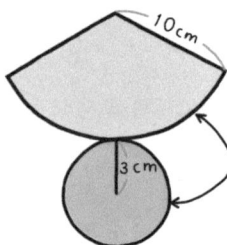

试试不用公式求出圆锥的表面积。

底面圆的面积为：$3 \times 3 \times \pi = 9\pi$ cm²。

圆锥侧面展开后的扇形的弧长与底面圆的圆周相等，为：$3 \times 2 \times \pi = 6\pi$ cm。如果扇形为一个完整的圆，那么其圆周为：$10 \times 2 \times \pi = 20\pi$ cm。但是实际上，扇形占整个圆的 6/20=3/10。完整的圆的面积为：$10 \times 10 \times \pi = 100\pi$ cm²。由此可以得知扇形的面积为：$100\pi \times 3/10 = 30\pi$ cm²。

加上前面所求出的底面圆面积 9π cm²，得出圆锥的表面积为：$30\pi + 9\pi = 39\pi$ cm²。

正确画出圆锥展开图形的人，马上就会意识到，圆锥底部圆形的周长就相当于圆锥侧面展开后的扇形的弧长，扇形的面积可以通过扇形弧长与扇形所在圆圆周的比率来算出。

掌握基本公式和普遍原则，就可以根据需要自己推导出想用的公式。这个方法不只适用于数学，还适用于经济学、统计学等各种领域。任何学问，都不能只拘泥于了解表面信息，要把握内在本质，才能拥有真正属于自己的解法。

第 4 章

画出一本你的
"独家笔记"

用图解思维做好笔记

如何打造自己的"独家笔记"

做好笔记是学好知识的重要手段，能提升自己的思维能力，大家无论学习哪一方面的知识，最好都整理一本"独家笔记"。做笔记的时候，我们要把自己当成教科书的编者，以这种心态来打造自己的"独家教科书"。

> 整理笔记时，要把自己假设为编写教科书的老师。
> 比如设想：自己如果是老师，会怎样讲这些知识点呢？

我们在做笔记时，一开始就要考虑到，怎样写才能更简单易懂，怎样编辑才能读起来更有趣。我们有时需要借助图表来加强理解，或者用简洁的文字写明注意要点。凝聚自己心血的"独家笔记"，是最为有力的学习工具，甚至胜过专家们编写的教科书。因为在自己费心思整理的过程中，理解和记忆已经得到了强化。

"独家笔记"记录的是自己思考的过程，需要日后不断翻看，不像备忘录小本那样，只是记录简单的信息或者自己的想法，因此笔记本应该尽量选大一点的（比如 B5 或者 A4 大小）。最好笔记本的单个页面或者左右两个页面，能够涵盖一个主题，这样打开笔记就能一目了然。

接下来我将详细介绍该如何打造自己的"独家笔记"。

💭 统一格式，更容易找到重点

　　同一主题的笔记，格式一定要统一。如果每页的格式不统一，那么以后翻阅复习就不方便，因为容易找不到重点。

　　一篇笔记从构造格式上看，通常包含标题、正文、总结三部分。每个主题的内容最好集中在单个页面或者左右两个页面，方便日后阅览。如果同一主题的内容涉及多页，那么你需要在每页的标题旁标记上连续的序号，以保证其连续性。正文部分记录、整理主要内容，可以加入图表等。总结部分则分条列出每页的重点，或者摘出重要的关键词。

一页一个主题，内容分为三个模块

标题和日期是日后复习时极为重要的线索，所以一定要认真写上。如果需要翻页，要标上"标题 1/3"之类的序号。

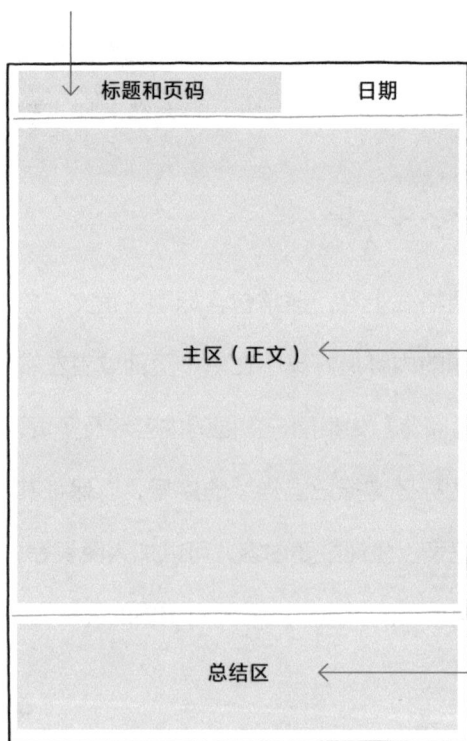

标题和页码	日期

主区（正文）

这个区域用来画图或者记录主要内容，尽量留出空白，以区分不同模块。如果加上数字或者字母序号，知识点的顺序和个数会更加明了。

总结区

在这里记录本页中的重点或者关键词。日后复习时，如果时间不充足，可以只看这一部分。

○ 页面留白，让笔记"成长"起来

　　整理笔记时要在每个主题页面留有一定的空白，方便日后随时补充信息，进行个性化编辑。以后复习时可以在空白处圈出重点、添加评论，或者及时补充相关重要信息。

　　好的笔记是有生命力的，是可以"成长"的。也就是说，做笔记不是一劳永逸的，需要不断对笔记进行完善，因此，在页面上必须留有足够的空白以便日后完善。

供求曲线   2022.03.15

价格（P）

供给曲线 ⇐ · 材料的价格变化
· 技术革新
· 天气及自然灾害
· 将来的预测变化

影响

P'
供需平衡时
的价格
=
市场价格

平衡点

需求曲线 ⇐ · 收入变化
· 人口变化
· 兴趣、生活方式
· 商品知识

数量（Q）

Q'
平衡数量

供给
相同 ⇨ 价格上涨

P

需求
增加

市场价格
变化

向右滑动

Q

例如，原油需求激增
引发汽油价格暴涨

供给
增加

P

需求
相同

Q

例如，丰收导致农作物
供给过剩、价格下跌

要点
· 供需的交叉点 ⇨ 均衡交易量
                ⇨ 均衡价格
· 需求变化率 / 价格变化率 = 价格弹性

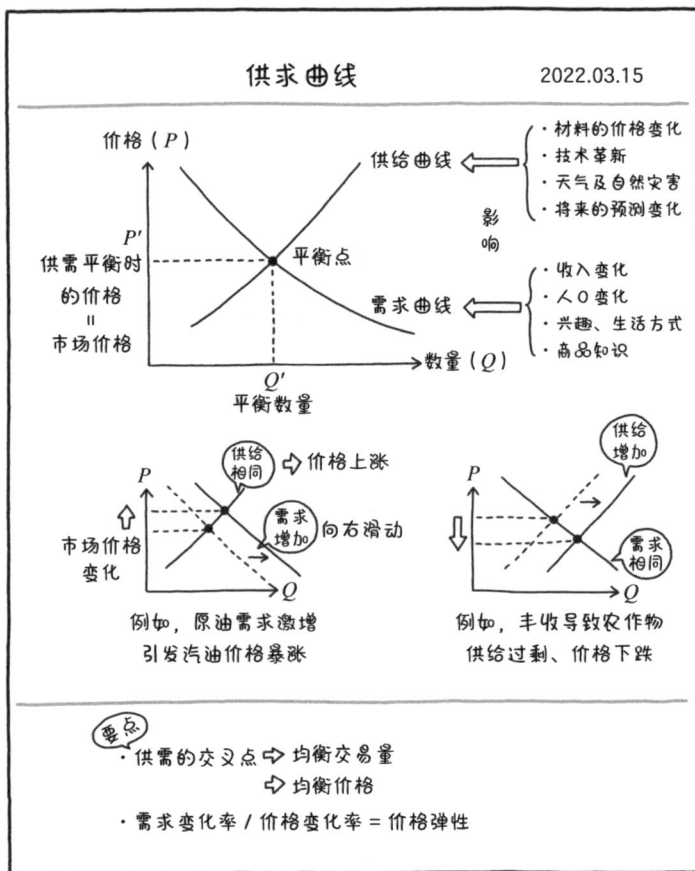

利用预留的页面空白处（占整页面的 20% ~ 30%），后期进行
信息编辑与补充。

好的笔记要尽量压缩信息量

　　一本真正的好笔记，需要尽量压缩信息量。在整理讲座、研讨会、参考书等的信息时，我们都需要自己来对信息进行取舍，一开始就确定好笔记的内容量，然后根据笔记本的纸张空间，只挑选自己认为重要的内容记录，并进行加工、总结。这样才能在学习过程中融入自己的想法。

　　高效地制作笔记，需要根据情况灵活运用符号和缩略语，将信息压缩到有限的纸张空间内。符号和缩略语可以用来表示重点强调的部分、高频关键词，以及单靠文字难以传达的内容等，减少文字篇幅。

使用符号，复习更加高效

强调

按自己的想法加工笔记，可以方便以后查阅重点信息。比如，我们可以利用下划线、波浪线，或者手指标记、气泡等多种符号形式对信息进行强调。

省略文字

可以用符号代替常用文字。比如，左边用"￥"表示货币，"@"表示场所或者价格，"M"表示百万，"A ≈ B"表示 A 和 B 几乎相等。

10M   A ≈ B

补充说明文字

使用符号对文字进行补充说明，会比文字给人的感受更加直观，而且有助于加深理解和记忆。比如左边的表情、趋势、人物、建筑、书本等符号可以使表述更加形象生动。

◯ 用图画记忆单词

　　在记忆英语单词的时候，结合图片或者影像记忆，会更容易记住。我们在学习外语的时候，需要先将外语单词理解转换为母语，这个理解、思考的过程本身就需要花费时间。但是如果直接将英语单词转换成图像信息来把握，那么就省去了识别、理解的时间。人类处理影像的能力甚至超过了电脑，因此只要能够记起影像中的一部分，其他关联部分也能顺利记起。

　　绘图的重点不在于画得多好、多细，而在于明确需要记忆的关键词在整体中的位置和作用。因此，没有必要画得特别讲究。

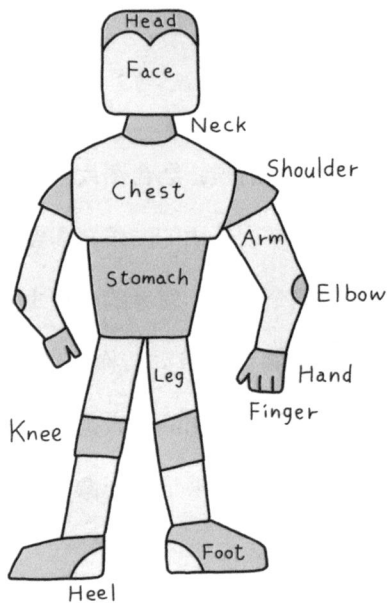

将关键词集中到一张画中

Head
Face
Neck
Shoulder
Chest
Arm
Stomach
Elbow
Leg
Hand
Knee
Finger
Foot
Heel

如果能够一边摸着身体相应的部位一边记忆，效果会更好。试着从 head 到 heel，按顺序说说看。

没想到还有这么多自己不认识的单词。
这样结合着图像记忆，真的印象更深刻了！

◯ 将数字可视化，产生视觉记忆

数字在表示量的大小时很方便，但是如果数字过多，就无法直观看出它们的区别。比如出席会议时，给你一张写满数字的表格，即使你拿放大镜查看，也很难立刻理解那些数字意味着什么吧。

在工作和学习中，把握数字的意义其实就是把握数字体现的事物整体趋势、与他者对比等信息。如果将数字、数据可视化，就能够更好地把握它们的意义。

○ 用图画识别单词之间的细微区别

　　中文中有很多词虽然意思大致相同，但是实际又有着细微的区别。比如在表达气温的词中，意指炎热的词就有"酷暑""闷热""炽热"等。

　　英语中也有很多类似表达，学习英语单词时可以有意识地把它们区分为"同义词"和"反义词"两大类进行记忆。例如，cold（冷）→ cool（凉）→ warm（暖）→ hot（热），温度逐渐上升。但是总体来看，cold 和 hot 的温度给人感觉不适，cool 和 warm 则温度相对适宜。而且每个单词通过搭配多个不同的形容词，可以进一步丰富气温的表达。在这种情况下，我们如果将这些单词绘制成一张图，则可以直观地看出单词间的区别。

温度差一目了然

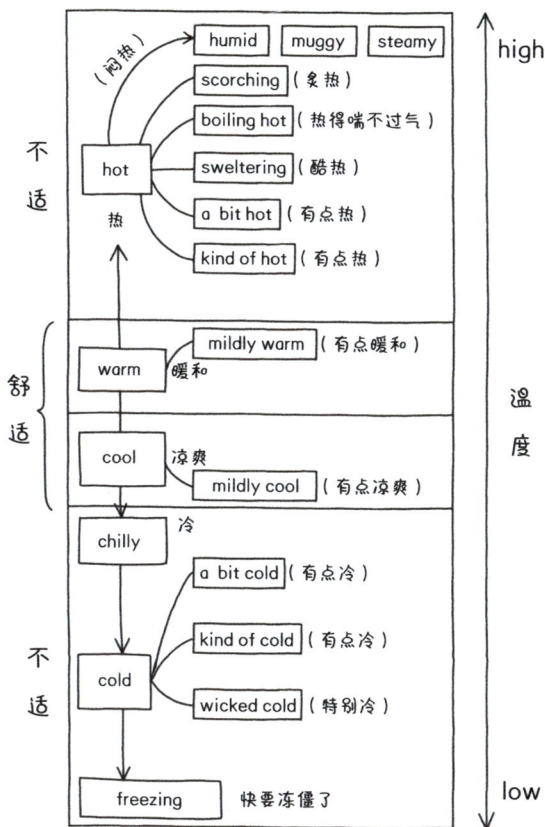

（闷热）

humid　muggy　steamy

scorching（炙热）

boiling hot（热得喘不过气）

sweltering（酷热）

a bit hot（有点热）

kind of hot（有点热）

hot　热

不适

mildly warm（有点暖和）

warm　暖和

舒适

cool　凉爽

mildly cool（有点凉爽）

chilly　冷

a bit cold（有点冷）

kind of cold（有点冷）

cold

wicked cold（特别冷）

不适

freezing　快要冻僵了

high

温度

low

天气和气温是人们聊天时常用的话题，因此可以多记一些相关表达。与单纯地说"hot"（热）相比，说"boiling hot"（热得喘不过气）感觉更能表达说话者的心情，聊天气氛会更好。

💭 手绘插图，读起来会开心一点

愉悦的心情可以刺激人的海马体，提高记忆力。而一本整理好的笔记，对学习者来说是一笔非常宝贵的财富。在学习某主题的内容时，我们通常笔记不离身，每天拿出来翻阅学习。因此，把笔记打造得有趣极为重要。

增加笔记趣味性的方法之一，是在笔记中加入一些图像元素。例如，画一幅线条简洁的插图，或者配上表情符号，可以更加直观地表达文字所传达不出的细腻情感。

另外，如果只是单纯进行逻辑思考，我们只需要动用左脑，而加上插图、表情符号等图像元素后，我们可以同时动用右脑，能提高我们大脑的处理能力。

图解越有趣，记忆越深刻

焦糖玛奇朵的制作方法
（一人份）

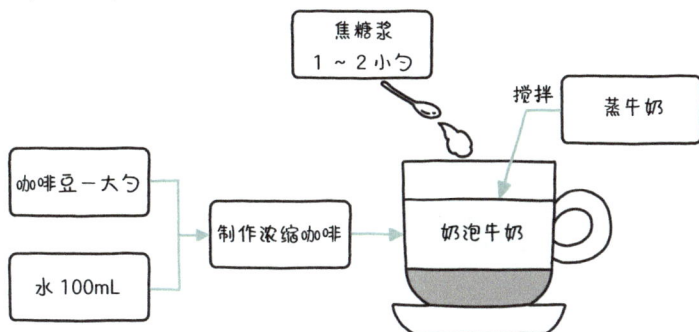

焦糖浆
1～2小勺

搅拌

蒸牛奶

咖啡豆一大勺

水 100mL

制作浓缩咖啡

奶泡牛奶

注 {
蒸牛奶（steamed milk）……用蒸汽加热的牛奶
奶泡牛奶（foamed milk）……用蒸汽起奶泡的牛奶
}

　　学习没有必要一直紧绷神经，借助有效的图解，可以心情愉悦地学习。自己觉得有趣易懂的东西，给他人的感受可能也一样。所以，记笔记时不妨增加一些简笔画，丰富自己的思维空间。

💭 简化图表，让特征更加凸显

将复杂的事物简单化、抽象化的过程被称为"模式化"。模式化的关键在于，从整体中只提取必要的特征，而后将这些特征总结成一个点、一条线或者一幅图。比如，折线图就是模式化的代表。

如果你仔细观察一个折线图的形状，你会发现它其实是按一定周期变化的，或是呈 M 形，或是停留在某个顶点后停滞，等等，会呈现多种模式。因此，记住折线图的形状，就是简化事物的变化规律。只要掌握了形状所代表的含义、变化趋势，那么不管遇到多么复杂的数据，我们都能轻松把握，马上做出判断。这就是折线图这类简化图表最方便的地方。

将图表简化变形

不要将图表直接照搬到笔记本上

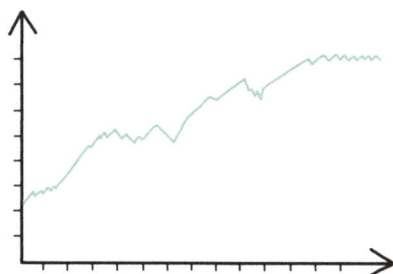

我们很难直接记住琐碎的数据和图表，因此，我们需要把握数字的变化规律和图表的特征。

元数据

图解后

简化变形后整理到笔记本上

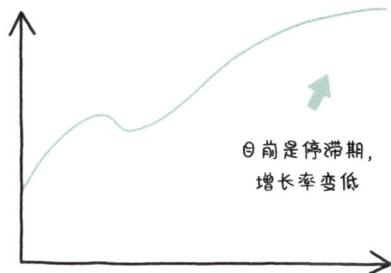

目前是停滞期，
增长率变低

凝缩信息量后，数据所传达的信息特征才更明确。因此，我们可以在保留图表必要特征的基础上，对图表进行简化变形。

123

◯ 选择可擦笔具

绘制图表时，为了方便修改，最好使用可擦笔，比如铅笔、可擦圆珠笔等。

可擦圆珠笔利用摩擦热量可以擦除墨迹，而且有不同粗细、不同颜色多种样式。但是，这种可擦笔的油墨，时间久了颜色容易变淡。因此，完成绘图后最好立即拍照保存。

喜欢用铅笔的人，最好使用不产生橡皮屑的无屑橡皮，保持页面整洁。

另外，笔一定要选择握着舒服、用着习惯的。笔本身的功能再好，如果自己用着不习惯，那也容易手累或者画不好，影响效率。

用可擦笔自由加工

①用可擦笔书写

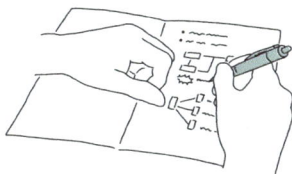

②补充或者擦除内容

③拍照保存

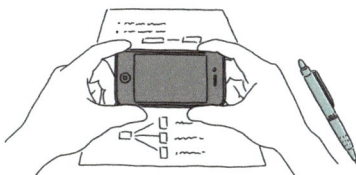

　　绘图不一定能一次完成，通常需要后期多次修改、补充、编辑，不断完善。因此，如果你喜欢用圆珠笔，建议用可以擦除的。因为可擦笔采用了特殊的油墨，用笔帽部分的橡胶擦擦除时，摩擦产生的热量可以消除笔迹，非常方便。

○ 让你的笔记多一些色彩

彩笔是记笔记时必不可少的文具之一，可以用来突出重点。

我们有时会用彩笔把重要的信息圈出来，或者画条下划线。我们通常将这种彩色称为"强调色"。比如穿着一身黑色西装的人，搭配一条蓝色领带，那么蓝色就是强调色。

配色时需要注意以下两点。

第一，配色不能过多，强调色通常只用一种就可以了。如果颜色过多，就会显得杂乱，原本用来突出强调的效果就会减弱。比如，基色是黑色，那么强调色可以选择暖色系的红色、深粉色、橙色，或者冷色系中的蓝色等。

第二，使用彩笔的地方不宜太多。强调色的使用占整体的 5% 为好，切忌强调的部分过多，只要保证自己在打开笔记时，能一眼看到需要重点看的内容即可。

彩笔不仅可以用来突出强调信息，还可以用来区分信息。在前文中我介绍过通过边框样式进行分组的方法，但是如果分组复杂，数量较多，我们也可以通过给方框填涂不同的底色来进行区分。填涂时不能涂太浓的颜色，因为填涂底色本是用来区分信息的，如果颜色过浓，就容易吸引自己的注意力，自己的关注点反而会集中到涂色部分，从而忽略强调色部分，本末倒置。

底色与强调色相反，应该尽量选择浅、淡的颜色。为了区分明显，建议选用颜色差别较大的彩笔。比如在地图上标出特定的国家，或者区分多个图表时，巧配底色效果都很好。

☁ 刻意练习速读笔记

　　记笔记是为了日后需要时方便查阅。笔记是自己制作的，大脑中应该已经存储了笔记中的信息，因此复习时不要一页页地细读，而要快速翻读，并多次重复。快速翻读能帮助自己顺利记起脑中已存的信息，加深记忆。

　　具体来说，平展开的两个页面，用 2 ～ 3 秒的时间快速浏览即可。快速翻读的基本流程如下。

　　首先，读第一遍。什么也不用想，只是翻看即可。因为读这一遍的目的主要在于了解写了什么。

　　然后，读第二遍，以和第一遍同样的速度翻看。但是这次要边翻看边回忆笔记的内容，如果遇到不懂或者忘记的内容，要做出标记。

最后，再读一遍，只认真阅读第二遍做过标记的地方，并认真记忆，存储到大脑中。

人类大脑对影像的敏感度很高，因此，即使只"看"不"读"也能获取信息。当然，如果我们平时学习只是勉强记忆些零散的片段信息，那后来即使看了图像，也很难想起什么。只有平时就用图解式学习法学习，才可以只重点复习记忆模糊的部分。

💭 电子存储，把笔记"折叠"起来

利用图解思维学习，记的笔记会越来越厚。这时，使用智能手机和平板电脑等电子产品就会非常方便。利用这些电子产品我们可以随时随地查看笔记中自己需要的部分。

将笔记内容导入智能手机和平板电脑最简单的方法，就是直接拍摄纸面内容。而且照片会自动记录拍摄日期，所以也便于以后检索。

目前，智能手机、平板电脑里有各种用于导入、整理笔记内容的专用应用程序，市场上也已经推出了与电子产品配套的专用笔记本。这种笔记本与电子产品的专用应用程序相连接，手机拍照后，照片可以自动校正，并且可以将内容同步存储到应用程序中，并进行云备份。

将笔记数字化选择什么样的应用程序都可以，只要能进行数字存储就行。但是如果是用于学习，最好选择具备分类功能和按日期排序功能的应用程序，方便日后查看。

人的指尖连接的脑神经最多，所以一边用指尖点击触屏翻阅笔记一边学习，也有利于强化记忆。

将保存的信息上传至云存储平台，可以轻松开启云备份，也能在电脑等设备上共享。

数码笔记，随时查阅

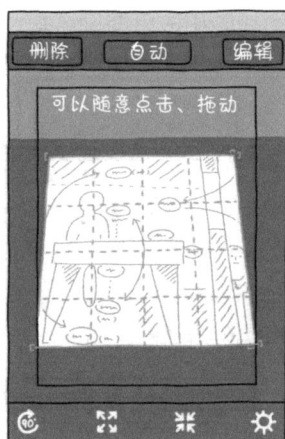

第一步

用手机拍下手写笔记。拍照时确保整个笔记页面完整。

第二步

自动校正拍下的照片。保存好标题并修改标记。（日期一般自动更正，可以不用处理）

充分利用云服务

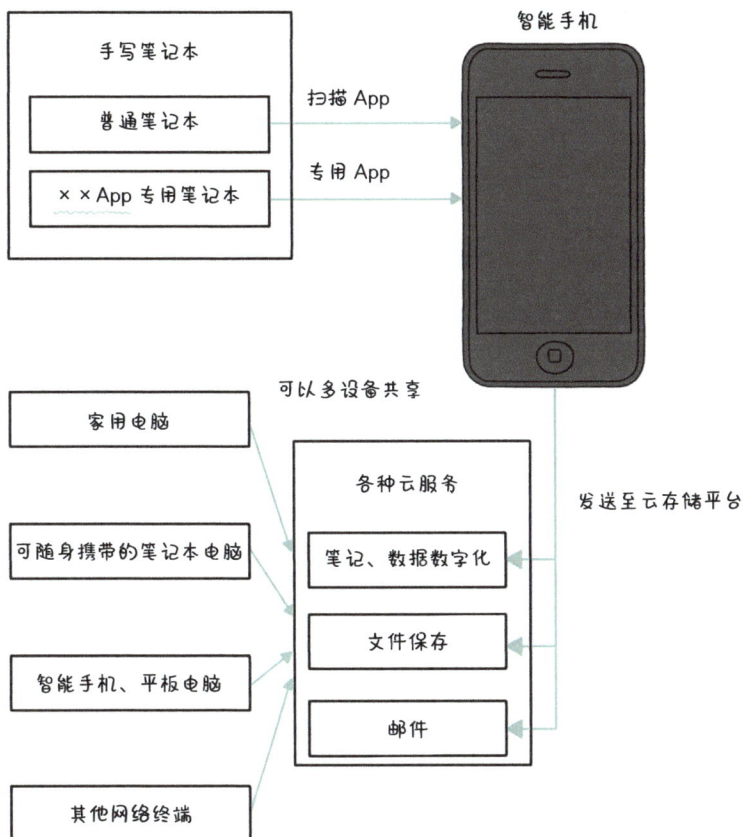

手写笔记本

普通笔记本

×× App 专用笔记本

扫描 App

专用 App

智能手机

可以多设备共享

家用电脑

可随身携带的笔记本电脑

智能手机、平板电脑

其他网络终端

各种云服务

笔记、数据数字化

文件保存

邮件

发送至云存储平台

　　将保存的信息上传至云存储平台，可以轻松开启云备份，也能在电脑等设备上共享。

精彩笔记案例

（英语）图解单词，明确词义

图解单词，有助于明确词义。

比如，英语介词 on、over、above，翻译成汉语，都是"在……之上"。但是具体来说，on 表示贴在桌面上的状态，over 表示在桌子正上方的位置，above 则表示包含正上方在内的所有上方。这种区别只从语言层面来看有些难以理解，但是如果用图表示出来，就能直观把握。

图解英语的空间词汇

按方位列出空间词汇，词义将一目了然。

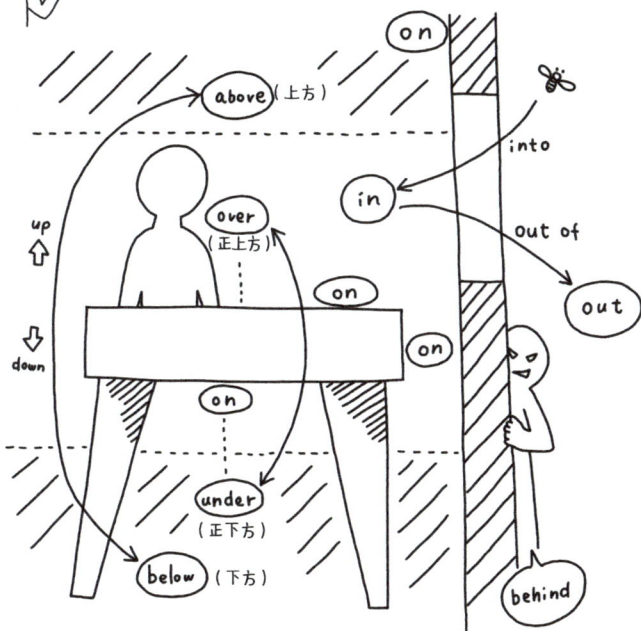

above（上方）
on
into
in
out of
out
up
over（正上方）
on
on
down
on
under（正下方）
below（下方）
behind

这样将空间词汇的含义视觉化，可以让人更加直观地理解单词的意思。比如，助词 on，可以表示附着在桌面上、桌子侧边、桌面下、墙壁表面等，表示附着在物体表面的状态。

精彩笔记案例

（会计）图解术语，简单易懂

会计学里的术语、概念比较晦涩难懂，利用图解可以更容易理解。

比如说资产负债表（B/S），就是表示持有物（资产）属于他人（负债）还是属于自己（资本）。资产和负债按照还款速度可以分为可立即变现或返还的流动资产或负债，以及不能立刻变现或返还的固定资产或负债。把这些配置到资产负债表的两侧，就可以理解相关专业词汇的意思以及它们在会计学中的含义。

实际上在画的过程中你会发现，那些晦涩的专业术语，其实只不过是一些模块罗列而已。

简单易懂地图解资产负债表

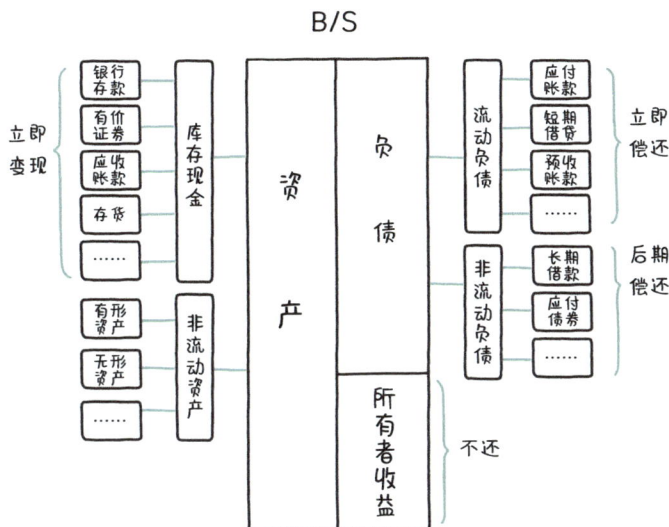

B/S

立即变现

| 银行存款 |
| 有价证券 |
| 应收账款 |
| 存货 |
| …… |

库存现金

| 有形资产 |
| 无形资产 |
| …… |

非流动资产

资产

负债

流动负债

| 应付账款 |
| 短期借贷 |
| 预收账款 |
| …… |

立即偿还

非流动负债

| 长期借款 |
| 应付债券 |
| …… |

后期偿还

所有者收益

不还

持有资产清单

原本是谁的资金?

决算书都是一堆数字，真不想看。

可以像上图那样从主要要素开始进行划分。数字不用算得太精确。

137

　　会计的规则是左右对等，不过不是说左右绝对值相等，而是说左右平衡。专业的会计师在审核报表时，首先看的不是公司的规模，而是资产和负债是否平衡。也就是说，审核公司是否具备负债偿还力。

【专栏】

活用大脑特长

人脑的信息识别能力

人类大脑的记忆机制和电脑相似，都是在工作时形成短时记忆，然后存储为长时记忆，并在必要时提取出来。人脑的海马体相当于电脑的随机存取存储器（RAM），大脑皮层相当于电脑的硬盘。

人脑记忆没有那么可靠。比如说，一个人一开始记得一个物品是黑色的，过了几年后可能记成了灰色，甚至是白色，记忆开始失真。而存储在电脑中的信息，则无论被传递多少遍、存储多少年，都依然准确无误。但是，这不等于说人脑不如电脑。

实际上，人脑工作起来非常高效。因为人脑为了充分利用好有限的容量，会自动筛掉无用的、无意义的信息，只识别有用的信息，并存储到长时记忆中。对人类来说，事关生命的事才是最重要的，因此遭遇危险或者激动时的经历，最容易留存在大脑中。同时，大脑很难记住数字、堆砌的文字等无意义的信息，即使这可能对学习来说是有意义的、重要的。因此，人们只能不断重复刺激大脑，来提高这些信息的重要度，这也是在学习中要注意复习的原因。

但是，电脑不需要复习。它对信息不区分重要度，直接全盘保存到硬盘里，需要时直接检索、提取。这样的机制特别适合处理文字、数字等零散的信息。

人脑独特的模式识别能力

当然，也有电脑不擅长而人脑擅长的地方，即"模式识别"。模式识别是指从杂多的图像、声音、文字信息中只提取有用的信息并进行处理。人类大脑即使遇到完全陌生的事物，也能瞬间从记忆中寻找相似的东西并加以应用，比如人脑可以将零散的信息作为整体图像来记忆，从对方的表情来察觉对方心理，听到某段音乐而联想起其他音乐等。

　　将人脑这种模式识别能力用在解决问题上，即使问题是第一次遇到，也能联想起过去处理过的类似事情，吸取经验，进而探索更好的解决方法。

　　图解式学习法，就是充分利用了人脑的这种模式识别能力。比如，图表中边框形状相同则代表意义相同，连线方式相同则代表关联性相同。图解思维，就是利用人脑最擅长的功能来高效学习。

电脑和人脑的区别

	电脑	人脑
短时记忆	随机存取存储器	海马体
长时记忆	硬盘	大脑皮层
准确性	准确	不一定准确
接收信息	全部	只选取重要的、必要的信息
应用	自身无法实现	模式化后可以实现（学习的转移）
记忆种类	知识记忆	经验记忆

　　可见，虽然人类大脑长时记忆的准确度比不上电脑，但是，人脑擅长模式化学习，因此图解式学习的原理符合我们大脑的工作机制。

第 5 章

成为学霸的思维习惯

成功是一种思维习惯

◯ 成功者的秘诀

　　如果能掌握通往成功的方法，那么面对新课题时，即使暂时没有储备相关知识，我们也能快速学习补充。有些人在工作或学习中没有取得成果，并不是因为他们不够努力，或者不够聪明，只是因为他们没有找到适合自己的学习方法。

　　能够找到适合自己的学习方法并付诸实践，可以帮助自己实现梦想。成功的人其实都有着某些共同的优秀习惯。因此，本书的最后一章将介绍成功者的好习惯。

成功者的好习惯

💭 将你的想法具体化

我们在应聘工作时经常会被问道："你在职场上想成为怎样的人？你想过怎样的人生？"

大多数人都会回答，"希望能被别人信赖""希望工作上能被重视"，等等，答案模棱两可却也无可厚非。

但是，具备成功潜质的人目标是十分明确的，他们清楚地知道自己想要成为什么样的人。梦想有大有小，比如"想成功后在喜欢的地方建一栋别墅""回家乡捐建一所学校""能每天吃上喜欢的食物"，等等，不管他们的目标是什么，重要的是，他们的想法具体而明确。

我们努力学习，几乎都是为了成为更好的自己，只不过每个人理想中的自我形象都不同。实现了一个目标后，我们通常会继续朝着更高的目标而努力，所以我们要终身学习。

学习是帮助我们实现梦想的工具。想要成功的人会比别人更珍惜自己的工具，会不断地钻研、打磨工具，让工具更适合自己，因为如果利用不好这个工具，就难以实现目标、拥抱美好未来。因此，我们无论是在职场中还是在生活中，要想实现自己的梦想，就要热爱学习，不断探索适合自己的学习方法。

总之，我们首先要明确自己想要成为什么样的人。即使我们的梦想没有那么远大，甚至说出去有些丢人也没关系，我们一定要明确自己的目标。

💭 从失败中学习

即使是世界知名企业，其业务也并非一直一帆风顺，它们也是经历多次失败后才成功的。

例如，现在已经成功的谷歌搜索引擎，最初是由斯坦福大学的研究生共同研发出来的。其实他们当时并没有什么成形的商业模式，创始人一开始只是让一些小公司使用自己的搜索引擎，结果收入并不理想（A方案失败）。但是，搜索引擎搜索结果旁边的广告却给他们带来了大笔收入（B方案成功）。现在谷歌搜索的巨额盈利几乎都来自广告。B方案虽说是替补方案，但最后却成了业务核心。这种备选方案大获成功的类似例子并不少见。你也可以制订C方案、D方案，直到成功为止。

　　了解失败的原因才能提高成功率。据说一个刚刚起步的新兴风投企业投资成功率仅为 5%。简单来说，也就是每投资 20 次才可能成功 1 次。实际上，这并非简单的次数反复，而是每次失败后都汲取经验，汲取第 1 次失败的经验后，第 2 次挑战失败的可能性就会降低。有了前两次的经验，第 3 次挑战的成功概率就会更大。也就是说，失败的次数越多，最终成功的可能性越大。所以即使失败了你也不要悲观气馁，重要的是要学会从失败中学习。

　　其实，一个人如果没有经历过失败反而更可怕，因为他一切顺风顺水，不知道自己能够成功的根本原因，茫然前行，之后遇到一点挫折就容易自暴自弃。我身边就有这样的例子，初进公司的销售人员，越早接到订单，之后就越容易因为挫折陷入低谷。相反，能从失败中学习的人最后不仅能赶上来，而且还更强大，因为他们不会因为受一点挫折就一蹶不振。

◯ 学会揣摩出题者的意图

　　我在看智力问答节目时发现，有的答题者虽然知识储备并不多，但是直觉敏锐，答题正确率特别高。因为他们有个共同的习惯，那就是会揣摩出题者的意图。

　　无论是智力问答，还是升学考试、入职考试，都会有出题者。而出题者是人，就必然存在出题意图。那么答题者就应该猜测出题者想要测试自己哪方面的能力或知识。智力问答节目中，直觉敏锐的回答者，看到题目后就会揣摩出题者的意图，比如这个选项肯定是陷阱、看似最不可能的选项是为烘托节目氛围等。因此，即使没有相应知识储备，他们也可能答对题。

　　不仅限于试题，有人问你问题时，揣摩对方意图也很重要。无视对方的出题意图，只是炫耀自己的知识，毫无意义。听说知名企业的面试官都重视面试者的沟通能力，但是沟通能力并不是会说话的能力，而是把握对方意图的能力，要能够听懂对方提问中隐藏的不安和疑问、话语背后的感情和诉求等。也就是说，会听比会说重要得多。

能说会道、性格开朗的人通常能够引起他人关注，并很快做出业绩。但从长远来看，善于倾听、会揣摩对方意图的善听者，更可能成功。这就是为什么身经百战的金牌销售员，比我们想象的更稳重、更有素养。

在回答之前，不妨先思考一下提问者的意图。能够揣摩出提问者的意图并回答，才是会沟通。沟通是立足社会所必需的能力，因此我们需要不断学习，来培养这种能够准确回答提问者问题的能力。

⚬ 行动力比好的创意更重要

行动力越强的人越容易成功。有的人在听了某个演讲或者读了某本书后，有了很好的想法，却仅仅停留在想法层面，并没有付诸行动。假如遇到了千载难逢的好机会，这种人即使能捕捉到信息，也迟迟不肯行动。

而真正能够做出成就的人正好相反。他们一旦发现好的范例，就会马上模仿。甚至有的人读书时如果觉得某个想法不错，还没读完就想去尝试。从想法到行动的行动力强弱，会影响到一个人能否成功。

一个著名品牌的创始人曾经说过："无论想法多么美好，如果不付诸行动，就不会成功，当然也不会失败。"判断创意好坏的方法，只有实践。**很多优秀的创业者都告诉**

我们，行动力比创意、计划的完美度还重要。

有些人会过于看重自己的创意，认为"这是我的想法"，"不能把自己的想法告诉别人，万一被别人借用了就麻烦了"。实际上，这个世界上拥有同样想法的人数量众多。其实仔细听听这些人自以为重要的想法，发现也不过如此。很少有别人想不到的点子。所以与其把精力放在保护创意上，不如早点去执行。

比起只在脑中畅想，更重要的是付诸行动，勇敢地迈出第一步。行动力越强，把握住机遇的概率就越大。"藏宝图"已经在你的手中了，就看你是否愿意带着它去"寻宝"了。

💭 **拥有与众不同的勇气**

"Think Different"（不同凡想）是一家公司曾在全球宣传活动中使用过的广告文案，当时的电视广告中，一些名人相继出场时的旁白为："这个世界上有一群疯狂的家伙，他们被称为叛逆者、惹事精。或许在别人眼里他们是疯子，但在我们眼中他们是天才。只有那些疯狂到坚信自己能够改变世界的人，才能真正改变世界。"也就是说，越是周围人都反对的大胆创意，可能越是这个世界上最有价值的东西。

很多情况下，大胆的创意和非凡的行动力，就是成功的原动力。

越是有价值的东西，越容易被周围的人出于常识而否定。也许大家越反对的，才是越值得去做的。

成功的人未必会按常理去思考。只要是有可能的事，他们都愿意去尝试，不合常理并不会成为他们放弃的理由。

要想成功，就不要无视突发奇想，要敢于打破固有思维的限制，大胆尝试从不同角度探索可能性。

💭 拥有旁观者视角

那些成绩斐然的人都有一个共同点——能以旁观者视角客观审视自我。

主观评价自己的人可能会认为"我这么努力却没有得到肯定"，但是管理者却可能客观地评价说"虽然很努力，但是对公司的贡献并不突出"。

拥有旁观者视角能够更好地进行自我管理。这里的管理，指能够客观理解自己现在的角色和能力，并自觉培养达到目标所需要的能力。要想取得更好的成果，就要先了解自己的强项和弱项，再考虑战略与战术。可以说，自我管理是人生取得成功的必备能力。总是将失败和挫折归于他人或者外部环境的人，是很难成功的。因为我们很难改变他人和环境，即使表面上可以强行控制他人的心情、行为、动机，但是最终也奈何不了别人，我们只能改变自己。既然能改变的只有自己，那么客观地审视自我、思考如何自我控制就显得极为重要。

自责也并非负能量。回报与责任是相伴的，要想下次做得更好，就要经常自省，让自己变得更好。

💭 1% 的改变

如今，在工作、学习等知识生产中，改善被视为重要
的概念。在全球化、网络化高速发展的 21 世纪，只有不断
改善，提高自己的知识生产力，才能在竞争中取胜。

做出改善的一个基本思维模式是"PDCA"，也就是
不断循环 Plan（计划）、Do（执行）、Check（检查）、Act
（处理）的过程进行改善。成功者经常执行"PDCA"，而
且坚持学习，哪怕只比昨天进步一点点。

人的知识生产力一旦获得，就不会轻易减弱，同时还
会像利息一样日益增长。如果每天的知识生产力都比前一
天进步 1%，那么一天后就是今天的 1.01 倍，72 天后就
是 2 倍左右，一年后就是 37.8 倍左右。这就是每天坚持不

懈的好处。可以说，最终能够成功的人，一直在为成功做
准备。

　　每天一小步，人生一大步。只要坚持日积月累的进步，
人生几十年，就一定能取得成果。我们的竞争对手是"昨
天的自己"，只要比昨天的自己进步，哪怕只有 1%，日积
月累，人生也能跨越一大步。

◯ 拥有倒推思维

所有的事情都有截止日期，无论是梦想的实现、文件的提交、新产品的开发，还是参加某资格考试。正是因为有截止日期，我们才能以此为参照制订计划，并按计划执行。

只有想着一定如期完成，人们才会在规定的时间内努力。没有了时间限制，就很难有动力。如果想做出点成绩，那么不管是多小的行动目标，都先自己定个期限，然后从截止日期往前倒推到现在，列出应该做的事，定好计划。每天要做的小事，也同样需要如此。只有完成一个个小目标，才能实现大目标。

从截止日期往前倒推，有时候会发现要做的事情特别

多，可能会影响计划。会出现这种情况，可能是截止日期
设定不合理，也可能是工作方法不科学。如果是截止日期
不合理，那么你需要考虑在规定的期限内自己最多能做多
少；如果是工作方法有问题，那么你应该重新考虑任务的
质和量。

无论如何，一定要制订可执行的计划。如果制订了无
法执行的计划，再详细也无法完成，而且会给自己消极暗
示——自己制订了计划也做不到。这样反而带来更不好的
影响。

即使是小的计划，也要一步步地实现。这样既可以体
会到成就感，又可以不断提升自我。如果没能在规定期
限内完成，就需要重新认真思考整个计划，为下次成功做
准备。

〇〇 拥有假设思维

"擦完全世界的玻璃需要多长时间？""日本全国有多少家美容院？"现在很多知名企业的面试中经常会问这种推理问题。对于自己不愿意思考，喜欢上网搜答案的人来说，遇到这种问题会直接茫然无措吧。

工作时并不会考查你对公式之类知识的死记硬背，而是重点考查你能否在信息有限的条件下提出自己的猜想并进行验证，是否具有"假设思维"能力。

一些知名企业的面试中经常出现有名的"费米问题"，解决这类问题就是要根据自己的假设推导出结果。我们以"日本全国有多少家美容院"为例，实际推算一下吧。

日本全国有多少家美容院

（1）日本去美容院的大多数为女性，因此，我们假设日本人口（约 1.2 亿）的一半是女性，那么女性约有 6000 万人。

（2）假设日本女性人口平均分布在 0 ~ 80 岁，其中 10 ~ 60 岁的人去美容院，那么去美容院的人数为：6000 × 50/80=3750（万人）。

（3）假设这些人每个月去一次美容院，那么全国每个月进美容院的总次数为 3750 万次。（需求）

（4）假设一次美容需要花费 2 小时，那么一位美容师一天能工作 4 次（8 小时 /2 小时），每个月工作 25 天，则每位美容师一个月工作总次数为：4 × 25=100（次）。

（5）假设一家店里有 3 名美容师，开工率为 70%，那么可以做美容的次数为：3 × 100 × 0.7=210（次）。（供给）

（6）美容院数量 = 需求 / 供给 =37500000 ÷ 210 ≈ 178571（家）。

首先根据女性人口、去美容院的人数占比、美容频率来计算需求。然后假设供给能满足这些需求，就可以大致算出美容院的店铺数量。实际上日本约有 2 万家美容院。

即使计算的结果和实际的数值不一样也没关系。最重要的是要先做出假设。我们在工作和生活中，经常需要在缺少充分数据和证据的情况下进行重要判断，这时就要自己先做出假设，再予以验证。

💭 先完成再完美

如果你想把事情做好，那么不要一开始就追求完美，应该先大致完成，再仔细完善。

如果你了解"巴雷特法则"就会知道，社会上存在一种经济现象，即 80% 的财富被 20% 的人所控制。这一法则同样适用于时间管理。

能够做出成果的人，比起完成度，更重视完成的速度。他们一开始考虑的是大概完成目标，用最初 20% 的时间完成 80% 的任务。80% 的完成度是什么概念呢？如果是开发新产品，则指完成试制品和草图；如果是开发新服务，则指完成小规模的实地测试；如果是看书，则指已经大致通读全篇并记住了目录；如果是学习，则指基本把握了知识框架。

即使一开始完成的质量没有那么高也没关系，只要能够把握整体，后面还有充分的时间可以用来修正、完善。

读书快的人，并非从第一页开始就仔细阅读，而是先大致翻阅一下了解框架，判断哪些部分需要精读，然后再开始有选择地高效阅读。也就是说，先用最初 20% 的时间理解整体，再用余下 80% 的时间认真把握细节。细读 1 次，不如粗读 10 次更能把握整体。

用 20% 的时间完成 80% 的任务，还有利于规避风险。因为有时候我们会发现，事情未必会按照自己的预期发展，这时如果发现出现了方向性的根本错误，那么还有时间及时止损，有效规避风险。

好的学习法不分国界与年龄

我在自己出版的书及发表的文章中一直强调图解的重要性，将图解思维视为一种提高技能的有效手段，也收到了很多海外读者的反馈。比如，韩国三星电子、LG 电子等公司的工程师给我发来邮件，反馈说感觉图解思维有助于他们提高技能。

图解思维，就是将碎片化信息结构化的过程。简单来说，就是将零散的信息作为一个有意义的整体来理解。

我们的大脑并不能像电脑硬盘那样什么都可以装，只能筛选并优先存储重要的信息。这个任务由海马体来负责。为了提高知识生产力，我们需要记忆更多信息，并保证能在必要时及时提取信息。即使想向大脑中勉强塞入大量碎片化信息，作为守卫的海马体也不允许信息都进入大脑。这时，图解思维就派上用场了。

图解思维是将多个要素（数据）作为一个有意义的组

合来理解和记忆。这个组合又会与别的信息产生连接，成为一个更大的组合。

现在，图解思维对我来说已经不可或缺。图解思维不仅在学习中有用，在记录会议笔记、提取方案论点、理顺创意思路、整理读书要点等其他场合也发挥着重要作用。乍一看，好像画图会花费时间，但实际上我们只需要用最简单的图来整理信息即可，这远比理解大段文字要高效得多。

中学毕业以后，人们大脑的记忆方式会发生很大改变，像我已经40多岁，很难再去死记硬背。但是，一边读参考书一边按照自己的方式图解，则可以快速把握整体。

活到老，学到老。希望图解思维也能为大家的成长助力。

结语

图解思维助你圆梦

　　我在接受采访或参加研讨会时，经常会被问，"您开始用图解思维的契机是什么""您是一直就有这种用图解思维的习惯吗"。其实我并非一直坚持用图解思维。

　　我是在辞去原来公司的工作，自己创业后才意识到图解思维有用。我开始创业后发现，我曾经以为自己能有些成绩是因为自己的实力，但其实更多是受惠于公司平台的影响力。要想创业，意味着从零开始。当时公司并没有多少资金，因此只能通过向客户和投资方不断解说计划方案来争取资金支持，以使公司能够运营下去。

　　我每天努力向不同的人解说计划方案，但是收获甚微。这时，我恰巧听了几场令人振奋的演讲。我发现演讲者们有个共同点，就是再复杂的话题，他们也能整理成一张简单的图进行说明。而且我发现，跟思维活跃的人开会时，他们也习惯在白板上用图说明信息。

原来他们已经在头脑中将复杂的信息整理成了图像形式，所以能够理解本质，并简单易懂地向别人解说，那么用图解思维，是不是可以提高解决问题的效率呢？于是，在那之后我尝试着用图解去解决所有的信息输入与输出问题，比如记录笔记、做企划方案等。而且只要在报纸、杂志或者电视上看到优秀的图解模型，我都会将其记录下来。这样实践了数月之后，我的思维发生了很大的变化。

首先，我学会了甄别信息的重要度。能够明确区分重要的信息与次要的信息，区分根本的部分与细枝末节，办事速度也提高了。

其次，即使面对复杂的问题，我也能轻松地理解，并简单易懂地向别人解说。

最后，我辛苦做出的企划书终于受到了肯定，签约率迅速上升，公司运营也步入了正轨。

图解思维，可以化被动学习为主动学习。换句话说，图解思维可以让你从如何学，转变成设想自己将来如何更好地教。按自己的方式加工学习内容，自然能够把握本质，加深记忆。

我年近四十，才养成了图解思维的习惯。我特别后悔没有早一点发现这种方法。因此，我建议在工作和学习中遇到了困难的人，尝试一下图解思维，这会让你有不一样的未来。

　　获取知识、独立思考，原本就是件快乐的事，是无可替代的兴奋体验。如果你感到学习很痛苦，那应该是你的方法不对，要找到适合自己的学习方法。

　　本书一直在反复强调，学习不是目的，只是实现梦想的手段。所以，我们一定要利用好学习这个工具，来实现自己的梦想。我们也要找到适合自己的学习方法，并不断改进，熟练运用。这样，你在逐梦的道路上就又迈出了一大步！

　　真心希望本书能为你的圆梦之路略尽绵薄之力！

版 权 声 明